时装设计大师

Mode Psycho

Ambre Bartok

[法] 安波尔·巴托克 著 时利和 译

作家出版社

（京权）图字：01-2008-5350

图书在版编目（CIP）数据

时装设计大师/（法）巴托克著；时利和译，一北京：
作家出版社，2008.11
ISBN 978-7-5063-4493-7

Ⅰ.时… Ⅱ.①巴…②时… Ⅲ.服装－设计－作品集－
世界－现代 Ⅳ.TS941.2

中国版本图书馆CIP数据核字（2008）第182478号

Ambre Bartok: Mode Psycho
©2006, Editions TIMEE
©for the chinese edition

 策划：猎文文化发展有限公司

时装设计大师

作者：（法）安波尔·巴托克
译者：时利和
责任编辑：启天
装帧设计：视觉共振设计工作室
出版发行：作家出版社
社址：北京农展馆南里10号　　**邮码：**100125
电话传真：86-10-65930756（出版发行部）
　　　　　86-10-65004079（总编室）
　　　　　86-10-65015116（邮购部）
E-mail: zuojia@zuojia.net.cn
http://www.zuojia.net.cn
印刷：北京中科印刷有限公司
成品尺寸：150×188　　**字数：**60千　　**印张：**4.5
版次：2008年11月第1版
印次：2008年11月第1次印刷
ISBN 978-7-5063-4493-7
定价：22.00元

献给我的母亲

因为她孕育了我

而且不止一次

……

献给我的祖母

——她更为人所知的称呼是叫"穆奈特妈咪"

——因为如果没有她，我会一事无成

目录

雅致……和简单？

01

所谓一流的时装，难道不就是在雅致的同时保持简单，营造一种毫无矫饰的美？应该差不多吧。因为在我们亲爱的设计大师中，有那么几位虽然不热衷于表面的缀饰，但可以肯定的是，他们的时装中隐藏着最新颖最别出心裁的特质……

卡尔文·克莱恩

Calvin Klein

不！接下去你们要读到的故事可不是9频道播出的电视电影剧情简介。这是卡尔文·克莱恩本人的人生经历（原汁原味，绝无夸大！）。

卡尔文在纽约布隆克斯区（Bronx）[1]长大。他父亲开一家杂货店，母亲没有职业，到处闲混（简单点说）。他20岁时进入纽约时装学院，顺利毕业……但同时成了家而且连孩子都快有了！真的很棒，不是吗（那是当我们有足够的钱支撑这些负担的时候）？卡尔文做两份工，尽其所能省吃俭用（四年存了1000美元，好家伙！）并且建议他朋友巴里（Barry）（很有钱，这就好办多了）加入"做衣服"的行列。

1968年，公司成立了（基本上是靠巴里）。他们主要做大衣，每天卖出2件（给普通顾客），就是说离关门大吉也不远了。就在这当儿，一个大商场的采购商对他们的系列时装产生了兴趣。他丢给他们5万美元（当然是买那些大衣的钱），抛下一句话："明天你们就会出名。"我实在想不起来这家伙的名字了……

1970年，卡尔文把牛仔裤引入高级时装（Haute-couture），一个星期卖出了4万件，这一成绩让他获得了三次柯蒂大奖（Coty

Award）（别问这是个什么奖。我们知道的只是在当时，能拿这个奖绝对了不得，而他又是最年轻的获奖者。这样行了吗？）。简单点说，拿了这个奖以后，他夜夜笙歌，觥筹交错，那可真是少年得志，不可一世，多少次甚至连家都不回了……这样子一直到1974年，终于……好吧没必要说下去了。1978年，他的情况和所有离了婚又负债累累的酒鬼没什么差别，而就在此时，他女儿被绑架了。他建议绑匪放回女儿，自己愿意代替她。这个提议被拒绝了（在这种情况下谁要他呀？），但孩子得救了，他也就成了英雄。

卡尔文东山再起（又是依靠巴里）。1980年，他终于再次创造了销售奇迹，这多亏了波姬·小丝（Brooke Shields）（当时才15岁！）和一句广告词："我和我的卡尔文·克莱恩牛仔裤之间什么都没有。"第一个星期，这种牛仔裤就卖出了20万条。

1982年，卡尔文转战男式内衣市场。宽大的衬裤过时啦，欢迎来到贴身内裤时代！而且它的良好设计使得穿着格外舒适……CK内裤颇为风靡了一把（并几乎已泛滥成灾）。我们的卡尔文因此很幸福，尤其是他又结婚了。这是平静的一年，接着呢！他差一点就破产了！于是不难想象，又是一段和酒瓶（这个他怎么就不会错过呢）与毒品相伴的日子。卡尔文进了戒毒中心（妻子和别人跑了）。

"应该学会放慢速度，追随直觉，在日常生活中体验声色之美、感官之悦。这就是真实的本质所在。"
——卡尔文·克莱恩

1 本书对第一次出现的专有名词（人名、地名等）标注原文，其后不再重复出现。——译注

1994年，他从远方回归（戒毒中心远在明尼苏达州），脑子里已经有了个很不错的（同时也利于节约的）主意：男女通用的中性香水！

1997年，他实现了160亿法郎的营业额，而那一年全法国所有品牌的营业总额也就200亿法郎（这个数字能让人闭嘴！）。

2003年，卡尔文把他的品牌卖出了4亿美元的好价钱，而他自己又去戒毒了（可能因为这种事值得多来上几回），如今这已成了大学里的一个研究案例（不过我们不清楚到底是作为经济学还是心理学案例……）。

胡戈·波士
Hugo Boss

波士这个品牌如今已成了世界成衣业的领头羊，然而过去胡戈做的却是给集中营犯人穿的服装……

1923年，德国麦琴根（Metzingen）。胡戈继承了家族的制衣公司。当时的德国一战战败，经济处于最为窘困的阶段。年轻的胡戈决定向当局政府建议，为他们提供服务。于是他就做起了警察、消防员和军队制服……尽管如此，公司的破产仍然无法避免。

陷入巨大的财政危机，并且看起来也正在经历心理危机的胡戈决定，和新兴的纳粹党的几个头目套套近乎，攀攀交情，以此增加自己的客户名单。

1931年，胡戈一不做二不休（为了他的银行账户着想），自己加入了纳粹，签订了制作纳粹军服和希特勒青年党制服的合同。一时间订单如雪片般涌来，我们也就不难理解，为什么胡戈没有拒绝他的党卫军（SS）朋友慷慨赠予的几百个劳工了……

1933年，胡戈与希特勒合作愉快，主动提议制作集中营关押犯的制服：反正那么几百号人闲着也是闲着，不如服务于雅利安。

这么一来，胡戈就成了德国最有钱的人之一……

1945年二战结束。波士——或者不如说"党卫军"波（Bo SS）——被判支付80000马克的罚款，并且剥夺政治权利终身……

……他的人生在1948年走到了尽头，那一年以色列国成立……

2000年，波士品牌向强迫劳工的受害者赔偿基金会捐款5万英镑，以此为它在二战期间的行为赎罪。

胡戈·波士：创始人一死，品牌就可发扬光大……

PS：下面一页会愉快一点！

保罗·史密斯
Paul Smith

人人都会说，要想成功，先得有成功的欲望。错！我们完全可以无心插柳柳成荫的：保罗·史密斯就是一个最好的例子。

小时候，他想成为职业自行车手。不是想赢得环法自行车赛，仅仅就为了骑自行车。（已经算是个宏大志愿啦！）

当然啰，他16岁退学为的是什么？自行车，整天骑自行车！直到一场事故断送了他的车手生涯。他在医院待了半年，出来后好几年都无所事事，从中完全可以看到他身为铁杆失业者的前景。

但是他遇到了宝琳·丹雅（Pauline Denyer）（一个有出息的人），皇家艺术学院的毕业生……就是这个宝琳，让保罗乖乖听话，重新振作起来。在她的建议下，保罗一边做着两三份工，一边学习服装设计课程。

1970年，他23岁，开了自己的第一家商店（该感谢谁呢？），卖各种名牌商品以及自己的一些设计。很受好评。

当然，保罗只要放手大干就行：他的第一套系列时装（collection）博得了男人们的

喜爱：多亏了保罗（或者说都得怪保罗，这一点
上公众意见不一），男人们也有权利穿得
花花绿绿，披锦戴绣了。

保罗成为了大卫·鲍伊（David Bowie）、
托尼·布莱尔（Tony Blair）和阿兰·苏松
（Alain Souchon）[1] 之间的唯一共同点。

1 阿兰·苏松（Alain Souchon），
（1944~ ）法国著名歌手。——译注

从那时起，保罗·史密斯壮大了不少（不管怎么说，在经济方面）。他的营业额高
达3.3亿欧元，然而他还是梦想着成为自行车手*！

* 宝琳还得继续加油啊！

阿涅斯·B

Azuks B

假如她不曾存在，就应该创造一个出来……

阿涅斯是自学成才的。1964年，她是《她》（Elle）杂志的编辑，在这时决定要成为服装设计师。她先是在多罗蒂·比斯（Dorothée Bis）和假日服装（V de V：vêtements de vacances）磨练了一阵子，1973年开始自立门户。

两年以后，她在巴黎中央菜市场（les Halles）盘下一家肉店，开了自己第一个店……要知道这可是该市场的第一家服装店，过去那儿全是做食品的。

1979年，她推出了著名的羊毛开襟外套，没有比这更简单的啦！完全迎合当时"油脂"（Grease）[1]盛行时的品位，可这也有坏处（比如洗了太多次以后）！一年以后，她开了第二家店，这回是在纽约；紧接着，伦敦、日内瓦、阿姆斯特丹、旧金山、柏林、香港、新加坡、迪拜、马德里、芝加哥、夏威夷、牛津、墨尔本、贝鲁特、迈阿密、台北，一家又一家马不停蹄——并且是在短短二十年间独立开设的，没有加入任何一个大型集团！这还不止呢！

阿涅斯的又一创举是，1984年，她开了一家画廊，各个艺术领域的工作者都能在这里找到一席之地：画家、摄影家、电影艺术家、乱绘家……所有这些人都有一个共同点：多多少少都是无固定住所的流浪汉。

1994年，阿涅斯又一次让世人惊奇，她支持了一个反对临时工的协会；这些人起初去她的画廊只是为了捣乱……1997年，她决定赞助电影事业，创立了"爱之梦"（Lovestreams）电影制作公司，推出了《莫洛顿的足迹》（La trace de Moloktchon），这部电影想必人人都看过了……

但是最让人赞叹的，是她对自己雇员的态度……"我感到有责任为
（在我这儿）工作的人提供保障、安全感和过体面生活的薪金
水准。""我们招人不是从专业条件考虑，而是更多地
关注他们的个人品质。我希望他们在工作中获
得乐趣：公司会支付第13个月的工资，还
有带薪假期和过节费。"

正好社会党还在寻找候选人，阿涅斯应该
是很符合要求的……

"我喜欢设计衣服，而且做得很快；我喜
欢和人相处，不设置界线。虽然有点乌
托邦，但我尽量避免制造锦体体系。（我
把这里理解为人事上等级分明的金字
塔结构，因为前面提到'不设置界线
的相处。'）"

——阿涅斯·B

1 油脂（Grease）：1978年出品的歌舞电
影，风靡一时。——译注

缪齐雅·普拉达

Miuccia Prada

2005年160亿法郎的营业额。全世界超过120家门店。这就是今天普拉达王国的实力……足够让人瞠目结舌的了……

在缪齐雅·普拉达于1978年成为"箱包女王"之前，"酷"是对她最恰当的评语，并且她还是共产党员呢！如今我们已经很难想象了，可这位米兰人当年的确长久奋斗在共产前沿来着！

那么，究竟怎么回事呢？70年代，她在政治学院（Sciences Po）学习，随后为了谋生，在她祖父的皮制品加工厂工作。对这份事业缪齐雅并没有什么信仰："我觉得这个工作太资产阶级，太女性化，不够知性。"她是这么说的。

忘了说，除了是可可（Coco）[1]以外，缪齐雅还是女权主义者……这种情况一直持续到1978年她和帕特里佐·贝尔泰利（Patrizio Bertelli）相识为止，从那以后她就把所有的信念丢到脑后去了！这个富有的意大利商人——绝对不女权，更加不共产，彻头彻尾的资产阶级——娶了缪齐雅，并说服她如果结合两人的才智，小小的皮制品作坊就会壮大起来……

他们动手大干起来。她负责设计包包，他负责制造和销售。他们的事业日渐繁荣，但离日后普拉达的规模还很远……然后有那么一天，这对夫妇参观了一个军需品工厂，买下了一种名叫"poccone"的防水布料。他们用这种料子做成包，结果风靡一时，直到今天仍然广受欢迎。普拉达品牌就此诞生了。

凭借这一成功获得财富后，夫妻俩又通过其他产品进一步稳固这一品牌：1988年推出了第一套鞋和成衣系列，5年以后男装系列问世。品牌在全世界范围内获得了成功……1994年美国时尚大奖——这相当于美国时尚界的奥斯卡——授予给了缪齐雅·普拉达，无疑是对她成就的肯定。在她之前，只有一位女性曾获此殊荣：也是一个可可，但不是政治意味上的，而纯粹是个历史名词，因为她名叫可可·夏奈尔（Coco Chanel）……

有些人声称"魔鬼身穿普拉达"。

埃维·莱杰
Hervé Léger

如果说在所有时装大师中有人是名不符实的，那就非埃维·莱杰莫属了！让我们来读读他的个人履历吧……

1973年，小埃维是玛尼娅蒂斯（Maniatis）的发型师。1975年，他卖起了帽子。1977年，他为一个意大利织品商做裁剪。瞧他换工作那叫一个不亦乐乎，而且这还没完呢！

1980年，卡尔·拉格菲尔德（Karl Lagerfeld）找他做自己的助手。两个人一直合作到1984年。埃维挺能"知恩图报"，转投朗万（Lanvin）。

1985年，埃维自立门户。他的设计是如此"成功"，不得不在两年后再次与德国人（拉格菲尔德）合作（历史是永恒的循环反复……）。

1988年．江山易改，本性难移。埃维再次离开卡尔，去了施华洛世奇（Swarovski），为它设计水晶饰品；当然啰，是在他找到新的领域以前。

1989年，埃维试图推出个人品牌。不幸的是，直到他的第一次时装发布会举行那天，他仍然没有找到灵感！！！埃维灵机一动，用十来块布料把他的模特们卷了起来。美女们装成埃及木乃伊一般在T台上行走，埃维一举成名。

接下去几年一切顺利，直到90年代，他又有了新点子，为自己找了个股东，并且尽力让对方占了多数股权。1999年，他的合作者想要单干，于是轻而易举地把埃维"请"出了公司，自己保留了品牌名称。

2001年，埃维来到沃芙德（Wolford）（一个丝袜品牌！）担任设计师，2004年又来到姬龙雪（Guy Laroche）旗下。我不想打击一个失意的男人，所以只只能跟大家说，他在这个品牌下的第一次时装发布会得到一片嘘声，让埃维（Hervé）有点恼火（én-Hervé）[1]……

拉尔夫 · 劳伦

Ralph Lauren

如果说有那么一个地球人（对，就那么一个）是美国梦的典型代表，那这个人非拉尔夫 · 利弗希兹（Ralph Lifschitz）莫属。

拉尔夫 · 劳伦的父母是犹太人，1939年逃离俄国，来到美国。他们住在布隆克斯区，偏偏邻居一家名叫克莱恩，这家的儿子不是别人，正是卡尔文。利弗希兹一家很穷（可以这么说），而拉尔夫很想发财（可以找到证据）。

整个童年时代（除了非常非常小的时候），他都在课余时间打工。

20岁时，他进入纽约大学商科学习，同时在一家手套商店（得志存高远！）打工，后来又换成领带店，并且（暗地里）自己搞起了设计。

拉尔夫凭着口袋里5万美元起家，成立了自己的公司。当时的领带大多是细条的，色彩暗淡；拉尔夫则设计出了颜色鲜艳的宽条领带。他的第一家商店举行剪彩仪式时，所有受邀的名人们都收到了这份华丽的请柬！

拉尔夫趁热打铁，推出了男装的支线品牌，这令他获得了天才的美誉；于是女装和童装支线也很快面世了。好吧，既然做到了这一步，不如把范围再扩大一下：运动装、箱包、香水、室内装饰、床上用品……拉尔夫什么都做！甚至还涉及到音乐、彩色墙纸、电影制作（如果出高价的话，他还可以主持犹太男孩的成人仪式）。

没错！要知道，拉尔夫在曼哈顿有一间顶层豪华公寓，在科罗拉多有一个大牧场，在牙买加有一栋房子；汽车方面，一辆法拉利，一辆布加迪，一辆宾利，还有一辆专门为他量身定制的麦克拉伦F1赛车！这些东西可不便宜。再说了，最近他刚又在纽约买了一块产业……

让-克劳德·吉图瓦

Jean-Claude Jitrois

谁能想到呢？在成为设计师之前，让-克劳德·吉图瓦是心理医生。没错！这其实是可以理解的……

5岁的让-克劳德参加了一个化装舞会……穿着睡衣。他妈妈不肯帮他买服装。"你只要说你装成哑剧里的白脸小丑就行了！"她这么说。不出所料，所有人都笑坏了！

18岁的让-克劳德离开家，开始了心理学的学习（伙计，你可真让我吃惊！）。由于对孩子特别感兴趣（这真奇怪），他在萨勒佩特里埃医院（Salpêtrière）进行儿童精神运动性研究。他教孩子们通过装扮自己（又回来啦）来表露性格。必须得说，他那些皱纹纸做的裙子还是不坏的……甚至有个护士向他借了一条去参加舞会……根据警方报告，这不是酒后行为。

让-克劳德若无其事地对自己说，他可能有点天赋……在动物上！他最初的设计全都是动物毛皮制作的。他一直很想穿上父亲——空军军官——的夹克衫，于是第一套系列时装便是夹克衫（很奇怪是吧？）

他在心理医生的职业之外又开了一家小店，想看看自己的东西能不能卖得出去，然后……猜猜看，谁来了？埃尔顿·约翰（Elton John）！他一口气买了35件夹克衫！！！他可是埃尔顿·约翰哪！

没什么好犹豫的，让-克劳德不做心理医生了，他开了其他一些店，发展了不少客户：整个"达拉斯"（Dallas）（是电视剧，不是城市名）向他购买服装（这就已经很多了）。吉图瓦出名了。

从那以后，他一直致力于把自己的天赋发扬光大，比如说……用猫皮做衣服！！！
不过我这话一说，他的麻烦可就大啦，所以就到这里吧。

ps：为他说句好话吧，
他没有自己动手杀那些动物。

"他的品牌有很多又柔软又精
致、又现代又浪漫的毛皮。"
——伊莎贝尔·阿佳妮
（Isabelle Adjani）

斯黛拉·麦卡特尼

Stella McCartney

一个宠儿的故事（Itinéraire d'une enfant gâtée[1]）……

她的事业：

15岁时在拉克洛瓦（Lacroix）（披头士[2]《白色专辑》（Album blanc）的忠实粉丝）起步，接着读了伦敦美术学院。最优秀的学生。从学校档案（或家庭档案等）都能找到。

第一套系列时装卖得精光，她那时还没毕业呢！（这可不是因为她老爸老妈的喝彩声，也不是因为娜奥米·坎贝尔（Naomi Campbell）和凯特·莫斯（Kate Moss）坐在第一排。绝不是！）

第一份工作：毕业以后……那什么……几小时吧，她收到了订单，来自克洛薇（Chloé）！！！

30岁就在古琦（Gucci）下拥有了个人品牌……您嫉妒了？……这才只开了个头……

她的财富：

她有一个百万富翁的父亲，有自己的设计室，和其他品牌（H&M，阿迪达斯）签昂贵的季节性合同，有3家店（伦敦、洛杉矶、纽约），她的设计在全球43个国家有售……您光火了？……还没完呢……

她的朋友：

麦当娜（Madonna）、丽芙·泰勒（Liv Tyler）、格温妮丝·帕特洛（Gwyneth Paltrow）、维诺娜·瑞德（Winona Ryder）、卡梅伦·迪亚兹（Cameron Diaz）、维多利亚·贝克汉姆（Victoria Beckham）……总之，就是那些人人都想当做朋友拥有的人（在结婚以前！）。

她的性格：

她要求古琦在合同上注明：她不会使用动物毛皮（第一份工作！）。

有记者问她为什么不做男装，她回答："怎么能呢？我又不是男人，我没有阳具！"接下来！

她偶然碰到麦当娜穿了一件"羊羔皮大衣"（而且实在很一般！），于是流行乐女神就被她从友人名单中划掉了。可以说斯黛拉脾气不好……但就是让人喜欢！

她的私生活：

32岁（真走运！）时她嫁给了一个杂志编辑（很棒啊！），此人的绰号叫做古琦先生，因为他只穿古琦（多么有品位啊！）；2005年他们有了一个（可爱得要命的）儿子。

结论：

如果您感兴趣的话，可以去巴贝斯（Barbès）地铁站五金店看看，那儿有该品牌的促销活动！

"我是一个为女人设计衣服的女人。我能设身处地为她们着想。我的设计轻松简便，就像是为我本人度身定制的一样。我没有把时尚看得太认真。"

——斯黛拉·麦卡特尼

1 法国有一部电影名字就叫 "Itinéraire d'une enfant gâtée"，1988年出品，让-保罗·贝尔蒙多（Jean-Paul Belmondo）主演。——译注

2 斯黛拉的父亲保罗·麦卡特尼（Paul McCartney）是披头士的成员之一。故有此说。——译注

性感而魅惑？

02

纪梵希（Givenchy）把优雅的奥黛丽·赫本（Audrey Hepburn）作为他的缪斯女神。盖斯（Guess）让模特们身上涂油，然后在屁股上低低地裹一条牛仔裤。您大概会跟我说，他们之间毫无共同点吧？您错啦！实际上，所有这些行为都是为了营造一种魅力……

克里斯蒂安·迪奥

Christian Dior

其实很简单，小克里斯蒂安哪怕连指甲盖那么大一点儿的雄心壮志都不曾有过，想想看吧！他妈妈白花力气，把他送到最好的学校，让他进政治学院，还付钱给他补课（可怜的小孩），结果一事无成！

她想让儿子成为大使。而他则想和伙伴们一起游荡，科克多[1]（Cocteau）、达利（Dali）、毕加索（Picasso）。（这些人的影响真是再坏没有了！）克里斯蒂安放弃学业，为他的三个哥们开了一家画廊。当时他们三个还不是科克多、达利和毕加索！人还是那几个人，可是个个一文不名。

就这么过了一年，然后"啪"的一下子！……克里斯蒂安成了受助学金资助的人。迪奥家破产了，画廊关门了，克里斯蒂安参军了（除此以外，一切都好！）。

接下去几年他做了点临时工，不过通常，艺术家就是在这种时候诞生的。先是像江湖骗子一样，给几个大设计师和《费加罗画报》（*Figaro illustré*）画画。然后以合同工性质，为"当时最伟大的设计师"（但如今没人记得了）罗伯特·皮盖（Robert Piguet）工作。

1945年，克里斯蒂安终于开了自己的工作室，背后得到了一个纺织业大老板的大力支持（别的话这里就不太好说了）。如果没有这次相遇，他最后可能就会和皮盖一样"有名"吧。他推出了自己的第一套系列时装。别忘了，当时二战刚刚结束，全世界都提倡节俭而不是浮夸。那么克里斯蒂安做了什么呢？当然是奢华风格。

法国人对此表示愤慨，美国人却称赞说太棒了（他们从来都是这样对着干的！）。迪奥接受了美国时尚大奖，离法国而去，这无疑可以解释他留在汉堡之国的原因。

49岁时，迪奥品牌遍布世界。"光靠跑没有用，出发要及时。"拉封丹（La Fontaine）如是说。克里斯蒂安·迪奥就是明证。

"做自己不爱的事是无法原谅的，特别是当你成功了。"
——克里斯蒂安·迪奥

1 科克多（Jean Cocteau）（1889–1963）法国先锋派电影最有影响力的导演之一，也是诗人、小说家、演员、画家等。——译注

于贝尔·德·纪梵希

Hubert de Givenchy

谁不曾梦想过拥有奥黛丽·赫本、劳伦·白考尔（Lauren Bacall）、杰奎琳·肯尼迪（Jackie Kennedy）或者摩纳哥的格蕾丝王妃（Grace de Monaco）的优雅呢（然后再给她们一拳）？她们的良药就是：一个好的服装设计师！是的，优雅品位就是这么简单的一件事！最坏的情况，就算达不到这种效果，这一点欺骗也死不了人的……

于贝尔·德·纪梵希于1952年进入时尚设计师的狭小圈子。之前他在其他设计室做的也是设计工作。为了讨妈妈喜欢，他曾经做过公证人的书记员；一战期间他还做过战地摄影记者。

1953年，奥黛丽·赫本在为她的下一部电影找服装设计师。不幸的是，大家都忙着准备自己的品牌发布会，所以她得到的都是同样的答复："留下您的联系方式，我们会再给您打电话的。"奥黛丽简直快愁死了（这可是她本人说的）。就在这时她听说了纪梵希。随后的事情已写入了历史……但是既然这一页还有点空，况且各位读者都是付了钱的，我们就来看看接下来的故事吧……

从那时起，于贝尔和奥黛丽就不曾分离过。她所有的影片都有他的份；他所有的设计都以她为模特。1957年，于贝尔为奥黛丽研发了一款新的香水……何不同时拿来卖点钱呢？"可这是我的

香水，我禁止您这么做！"优雅的美人如是说。这款香水[1]卖得几乎和夏奈尔五号一样好（不予置评）。

然后，其他女人的时代到来了（风水轮流转嘛！）首先是1961年的杰奎琳·肯尼迪，于贝尔跟她的合作一直都是绝对机密（美国的第一夫人应当穿美国本土品牌的），随后有温莎公爵夫人、摩纳哥王妃，以及好莱坞巨星们：从伊丽莎白·泰勒（Liz Taylor）到葛丽泰·嘉宝（Greta Garbo），还有可不能漏掉玛琳·黛德丽（Marlene Dietrich）（虽然名字列在最后，但我对她的敬意和对前两位一样……）。

于贝尔不仅令这些女士们满意，而且重要的是，他得到了回报！他职业生涯中获得金顶针奖（Désd'Or）已不计其数，但所有这些加起来，也不过是绿巨人（Géant Vert）身上的一根指头罢了。更别说他还得到了各国政要的追捧——他们不知怎么一下子对时尚开窍了（就像我们看了橄榄球运动员的挂历后就对橄榄球发生兴趣一样……）。

伊夫·圣洛朗

Yves Saint Laurent

"在高级时装界，我和可可·夏奈尔之后便后继无人了。我看不到任何天才的存在。"的确，这么说实在很自命不凡。可是如果名叫伊夫·圣洛朗时不说这话，那又更待何时呢？

1998年7月12日，面对8万来宾和170家电视台，时尚巨人为自己40年的设计生涯画上了圆满句号。唯一的遗憾："没有发明牛仔裤。"

诚然如此！可是好歹得给别人留点什么吧！这个自私的老头！瞧他已经拿奖拿到手软了……

是谁发明了黑色夹克衫？圣洛朗！1960年：那时他继承克里斯蒂安·迪奥不过短短3年，是世界上最年轻的设计师……

是谁发明了女士小礼服（smoking）？圣洛朗！1966年：在这之前，这种礼服都是为吸烟者准备的（从词形上就看得出来），也就是说给男人们穿的……

是谁发明了透视装？还是他！还是1966年：当时甚至不允许裙子比膝盖短！

是谁发明了连衣裙？仍然是他！1968年：他献给女人们一个绝妙的礼物（男人都这么说）：紧身衣。

用不着举例子了吧。虽然说他不是我们亲爱的蓝布牛仔裤之父，可是圣洛朗的的确确为时装贡献了很多创意，甚至冲击了很多眼球：

1971年，他裸体为自己的第一款男士香水宣传。那可是1971年！1976年，他第一个把自己的系列时装"俄国芭蕾歌舞剧"办成了一场演出。一年后，他推出了以毒品命名的香水：鸦片（Opium）。

时尚巨头的故事到此结束，他无疑是有史以来最热衷于革新的一位设计师！……直到让-保罗·戈蒂埃（Jean-Paul Gaultier）横空出世——皮埃尔·贝热（Pierre Bergé）（这个犹太！[1]）称之为"圣洛朗之后最伟大的设计师"。

"我只后悔一件事：没有发明牛仔裤。"——伊夫·圣洛朗

1 皮埃尔·贝热（Pierre Bergé），圣洛朗的伴侣兼合伙人。1958年两人相识相恋，贝热为圣洛朗科理生意。1976年分手后仍然在YSL工作。
——译注

卡尔·拉格菲尔德

Karl Lagerfeld

拉格菲尔德说他死的时候"不要被人看到，不要被人知道，要丝毫不留痕迹"。那是"当然"啦！

下面5条理由能让我们记住他（他本人也知道得清清楚楚！）：

他的早慧：14岁离开家，17岁为巴尔曼（Balmain）的模特画出了第一幅图样，20岁和巴杜（Patou）签下合同，担任艺术总监。这还不止……

他的饥渴：23岁起在夏奈尔工作，除此之外还是摄影家、漫画家、演员（参与电影"超级名模"（*Zoolander*）、书商、编辑、建筑评论师，当然也有自己的品牌工作室。"我是一个专业的业余爱好者"，他这么评价自己（明显又是个谎话）。

他的前卫（要不就是他自得其乐）：他第一次拍的人物照是摄影史上第一批的男人裸体照（真的脱光光，太好啦）！他是第一个和成衣连锁品牌（3 suisses, H&M）签约的大设计师。

他的坦率：他可以在斯黛拉·麦卡特尼反对用动物毛皮

"时尚与道德无关，但它的存在能让人精神振奋。"
——卡尔·拉格菲尔德

制衣时说，她为古琦工作是假仁假义；他可以直言不讳地批评H&M的工作方式（那时他刚刚结束和对方的合作）；他可以在妮可·基德曼（Nicole Kidman）还没结束夏奈尔合同时说："她的完美不过是一种精心营造的幻觉。她是个很有手段的女人。"

他的富有：永远只穿迪奥，有6套公寓，价值450万法郎的壁毯（尽管转卖掉了！），23万本藏书，40个分散在自己住处的苹果 Ipod MP3播放器（想象一下住房面积该有多大吧！）……而且没有后代……自私鬼！

不过呢，或许这样更好："我喜欢别人家的孩子，让人受不了的时候可以收拾他们。"嗯……他的言行也会有不那么拉格菲尔德的时候啊……

纪·拉罗什/姬龙雪[1]

Guy Laroche

纪·拉罗什说："一件衣服应该来得自自然然……"和他有关的一切都可以用同样的词形容……

纪成为设计师是很自然的，因为他喜欢画画！他起初是自由职业者，为圣洛朗干活，然后做了多罗蒂·比斯（Dorothée Bis）的助手，直到二战爆发。

纪很自然地选择离开法国，不是离开一点距离：他远赴美利坚，很自然地待到二战结束，在此期间一直很自然地做着服装设计师！

后来他回到法国，很自然地又找了份设计师工作！不过他不得不接受长达7年的样品制作师身份，因为否则就得打包回家。

那期间，他很自然地找起了其他活儿，但由于聘用单位不多（说得好听一点），他很自然地想到挪个地方！所以再次踏上了美洲大地……

纪很自然地卖命工作（作为移民，应该的），挣了不少钱（没有报税，当然的），体重增加了20公斤（两年消灭了1460个汉堡包），后来很自然地，又想回老家了！

1957年回国不久，他在巴黎开了第一家个人高级时装店，很自然地想要出名，当然首先很自然地，希望衣服大卖！所以才很聪明地想到，特意为美国人推出一套系列时装……

大获成功的纪很自然地想要影响更多人（挣更多钱的同义词）。他先是推出成衣，然后做男装，很自然地继之以所有能卖的东西：香水、珠宝、袜子、围巾……

纪的身体从1985年起变得不那么好了（不知是什么原因），于是很自然地开始获奖了！1985年第一次获得金顶针大奖，1987年受封艺术文学骑士，1989年第二次获金顶针大奖——这回很自然是最后一个啦，因为那一年他死了……

呼呼，终于讲完了！我没说他生在哪儿，因为很自然地他是拉罗什尔（Laroche）人……

Guy Laroche

"我想要让高级时装符合时代的需求：做简单而雅致的裙子。"
——纪·拉罗什

1 有些品牌名和人名的翻译不同，以 / 区分。下同。——译注

劳瑞斯·阿扎罗/阿莎露

Loris Azzaro

"我太太和我在25岁时都很幸福，后来我们相遇了。"——萨沙·吉特里（Sacha Guitry）[1]

劳瑞斯在突尼斯长大。他摸索着自己想走的道路，起初去了政治学院，后来转而学起了文学，再然后教了一阵意大利语，最后与米歇尔（Michèle）相遇——她非常清楚他要的是什么……首先，劳瑞斯想结婚，于是米歇尔1957年和他结了婚。

5年以后，劳瑞斯想定居（米歇尔热爱的）巴黎，并且想成为时尚饰品设计师（在米歇尔看来是个朝阳产业）。

1968年，他想进一步发挥自己的才华（米歇尔想进一步扩充他的银行账户）。那一年，他推出了自己第一套系列时装，全是缀满珠片和人工宝石的裙子，非常符合达丽妲（Dalida）的口味。大歌星的钟爱引来了其他拥趸：拉蔻尔·薇芝（Raquel Welch）、克劳迪娅·卡汀娜（Claudia Cardinale）和索菲亚·罗兰（Sophia Loren）宣称只用他的品牌服装（当然米歇尔也一样）。

1975年，他在服装大师的头衔之外又做起了香水，成为世界十大畅销香水之一。劳瑞斯加入了亿万富翁的行列（米歇尔加入了那些"要离婚毋宁死"的女人的行列。）

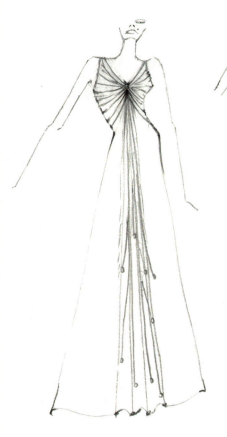

1985年，阿扎罗陷入低谷，他的时装被认为平庸并且已经过时了。劳瑞斯非常沮丧，精神萎靡，于是米歇尔给了他一支"强心针"：她把他赶出了决策层！从此以后，他有权利（甚至被命令）继续设计，但真正的领导者是她：因为她控制着75%的资产！！！

1992年，劳瑞斯得到许可，重回决策层。推出阿扎罗男装支线品牌所需的时间，在米歇尔看来是5年。所以5年以后的1997年，劳瑞斯又一次被炒了鱿鱼。

"见到一个未加修饰的女人，把她转变为从天而降的魅力女神；再也没有比这更让我高兴的事了。" ——阿扎罗

1 萨沙·吉特里（Sacha Guitry）（1885-1957）法国演员、导演、剧本作家。——译注

2001年，米歇尔"由于精神状态问题"处于财产受监理的境地。劳瑞斯抓住这个机会又回来啦。可是幸福很短暂。一年以后，米歇尔重振雄风，她拿回了头把交椅，然后按照惯例……炒了劳瑞斯鱿鱼。

"如果女人是好东西，上帝自己就该有一个。"（萨沙·吉特里）

乔治·阿玛尼
Giorgio Armani

欲速则不达[1]……

乔治·阿玛尼的童年在所有意大利人看来都再"正常"不过了：意面＋对妈妈的爱。

他先是学医，但很快意识到自己不是那块料（早比晚好）。但是他仍然在校园长凳上消磨了4年时光，随后不声不响地当兵去了……

在做了一段时间的橱窗设计之后——他对这份工的感情就像我对熨衣服的感情

一样——他遇到了尼诺·切瑞蒂（Nino Cerutti），在后者的帮助下成为了服装设计师，一做就是9年，9年……他亲爱的伴侣塞尔吉奥（Sergio）不停地鼓励他自立门户……1970年，祝贺你们！[2]乔治成了自由职业者，（差不多）单干起来。他整天为了雪片般的订单忙碌，但仍然思考了整整5年（他应该也有瑞士人血统吧）才决定正式独立。

对于第一套系列时装，他拿出了为女人设计的男式外套（宽垫肩、腰线收紧）和米灰色（灰色和米色的混合色）这种色彩。这无疑是个创举，但不讨大众喜欢……

……直到……嗯……那个美国小白脸……啊对了……理查·基尔（Richard Gere）……穿上了乔治·阿玛尼西装！有什么说的，即使

他穿的是抹布也会受欢迎的！这便是乔治成功的
开始，他甚至登上了《时代周刊》的封面！在此之前，只有迪奥曾获此殊荣。

如今乔治在做的事，每个人只要处在他的位置也都会做的：他的专卖店一开就是十
几家，推出新的支线时装，研发香水乃至餐具……总之，所有能卖钱的他都做。不
过他也真沉得住气，所有这些花了他25年（啊，这家伙不是急性子！）。

乔治现在身价22亿美元，遗憾没有孩子可以继承……那么我能不能算一个！我对时
尚这玩意不很擅长（可他起初不也一样吗？还不是因为机遇好），而且我可以想办
法把自己弄成孤儿！

索尼娅·瑞克尔/桑丽卡
Sonia Rykiel

在古埃及，人们烧死红头发的人，把他们的骨灰撒到小麦上以促进生长（没人知道这究竟有没有用）。

后来在罗马，人们烧红色毛皮的动物，为的是同一个理由（其实是因为根本毫无理由！！！）。

在17世纪的法国，人们同样烧死红头发的人，不过这一回是因为他们的头发有地狱里火焰的颜色（这毋庸置疑地证明了他们和魔鬼有来往，不是吗？）……

到了20世纪，焚烧是停止了，取而代之的是肆无忌惮的嘲笑[1]（我会让你付出代价的，奥利弗·纳卡什（Olivier Naccache）！），索尼娅·瑞克尔经历了这一切（天将降大任于斯人也……），她这么对自己说：与其被认为是个离奇的人，还不如自己真的成为这样一个人！

高中毕业会考的失利不算是个好开始，但多亏这样索尼娅才能成为营业员。很神奇不是吗？正是在做了营业员以后，她才有了设计服装的愿望！大概她卖的不是什么好东西吧……

几年时间里她生了两个孩子，画了一些设计图；1968年，索尼娅在巴黎开了第一家个人门店。如果有那么一年是她人生中最精彩的，那就非1968年莫属！瑞克尔针织衫也一举成名。

她的系列时装登上了《她》封面，美国杂志《妇女服装日报》（*Woman's Wear Daily*）称她是"世界针织女王"。红头发开始闪耀光芒。

1976年，她发明了"不褶边"、"不加衬里"和裸露接缝。整个世界为她而燃烧。

现在的索尼娅·瑞克尔，在世界各地拥有287个销售点，还有一种以她名字命名的玫瑰花！这是一个真正"火"了的红头发！

"我开始做时尚的时候，有10年的时间，我每天都对自己说：'明天我就收手不干了；别人会发现我其实什么都不懂。我一直想着总有一天，人们会揭穿我的假面具！'"

——索尼娅·瑞克尔

1 因为作者本人也是红头发，并且（估计）受到过这一位的嘲笑？ ——译注

盖斯

Guess

如果说整个80年代，时尚的主题词都是盖斯（没错，这个名字铺天盖地），那是因为盖斯兄弟极具先见之明！

1980 年，马西亚诺（Marciano）兄弟离开马赛，来到洛杉矶。他们决定做牛仔裤，这就好比想在慕尼黑做啤酒生意一样难。但是您想让我说什么呢？他们成了！成功秘笈如下：

1-找一只好母鸡：艾丝黛尔·勒弗布尔（Estelle Lefebure）是盖斯品牌的第一个模特，随后他们又有克拉拉·布鲁尼（Carla Bruni）、克劳迪娅·希弗（Claudia Schiffer）、埃娃·赫兹高娃（Eva Herzigova）、纳奥米·坎贝尔、凯伦·穆特（Karen Mulder）、莱蒂西娅·卡斯塔（Laetitia Casta）、安娜·尼科尔·史密斯（Anna Nicole Smith），最近则在2005年找上了帕里斯·希尔顿（Paris Hilton）。

2- 寻找小鸡……请从各个层面理解这个词。这样做首先意味着可以用低价把她买进，其次则可以监视她赚钱（继续保持文明用语）。

3- 把她涮干净，最好用冷水，这样可以保证肉的结实（并且乳房坚挺）；随后把她浸到油里（2升就够了）。您可以拿一瓣蒜放在……您知道的，当然一片羽毛也足以顶用。

4- 把她全身洒满海盐（如果有加勒比海的最好），放进烤箱，温度调节到7，等她全身金黄时取出。然后让她在沙发上休息片刻（如果可能的话，向克劳德夫人（Madame Claude）借沙发）。

5- 装饰！鹰嘴豆和母鸡配合完美，也可以涂点酱，但千万别是鹅肝酱！最好是在她屁股上用新鲜面条镶边（除非您觉得这样太累赘……）。

就这些！您现在知道盖斯兄弟的秘笈了。他们不是最尽善尽美的，可是能赚钱：他们的营业额是8亿美元！

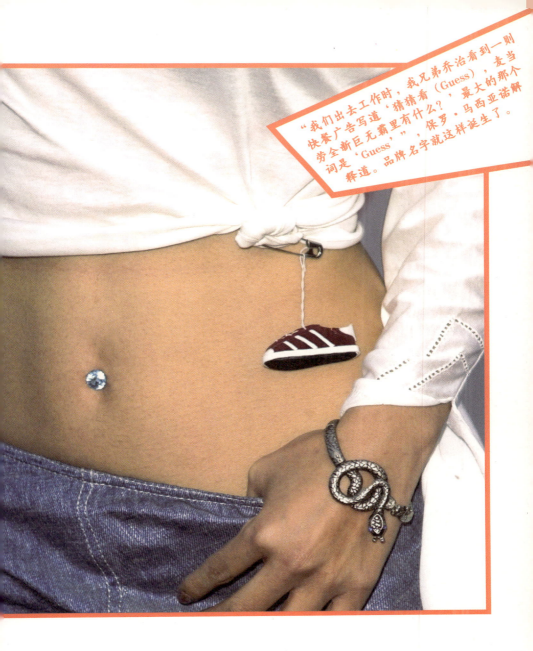

"我们出去工作时，我兄弟乔治看到一则快餐广告写道'猜猜看（Guess）'，麦当劳全新巨无霸里有什么？，最大的那个词是'Guess'，"，保罗·马西亚诺解释道。品牌名字就这样诞生了。

杜斯和加班纳
Dolce & Gabbana

团结（并不仅仅指心理的）就是力量。下面是例证……

多米尼克（Domenico）和斯蒂法诺（Stefano）在威尼斯的一家服装工作室相识。他们俩都在那儿工作。多米尼克是时装设计师，斯蒂法诺是美术图案设计师。他们的才华受赏识到令工资能够达到最低生活保障线，他们的老板和蔼到早上用一记耳光把他们打醒。

虽然众说纷纭，
但到底还是多亏
了这个老板，多米
尼克和斯蒂法诺开了自
己的第一家工作室：他给
了他们"起步所需要的1000
欧元"（并至少能坚持半个
月！）。

"巴洛克，这是我的品位；但却流淌在
多米尼克血管里。"
——斯蒂法诺·加班纳

第一套系列女装：玉体丰满的女人
身上点缀着几条布料（1000欧做不了
很多东西），其中有一位莫妮卡·贝鲁奇
（Monica Bellucci）。毫无疑问，这一次大
获成功！两个人如胶似漆的合作也开始了……

第一套系列男装：高大尊贵的男人身上点缀着几条布料（这回是因为他们是同性
恋）。毫无疑问又一次大获成功！健身中心的会员数大大增加了……

随后他们为麦当娜巡回演出提供服装，还有凯莉·米诺格（Kylie Minogue）、罗
比·威廉姆斯（Robbie Williams）、詹妮弗·洛佩兹（Jennifer Lopez）、U2乐队、
安吉丽娜·茱丽（Angelina Jolie）、卡梅伦·迪亚兹、格温妮丝·帕特洛……他们刚
为AC米兰队赞助完新队服（好让他们夺得下一个奖杯），就在2004年达到了8.675
亿欧元的营业额！

最终在2006年，他们达到了整整10亿欧元的营业额，并被意大利某报评为继罗密欧
和朱丽叶之后最浪漫的情侣，紧接着他们就分手了……但是（谢谢上帝，谢谢银行
家）他们在工作上还没有分开。

洛莉塔·兰碧卡
Lolita Lempicka

男人不懂女人（当编辑只给你的每个主题预留一页篇幅的时候，可没那么多时间让自己小心地保持不偏不倚）！下面5条戒律（不是我说，但完全应该把这5条加到十诫[1]的后面）可供男人作为使用参考！

女人想要的是……

遇到白马王子；背景最好有四轮马车、仙女蝶、瓢虫、秋千和午夜之水……洛莉塔就是这样给她的大多数女用香水取名的……

女人想要的是……

白马王子不仅风度翩翩，而且身强力壮！这样可以依靠在他怀里——就像靠着一棵树——充满诗意地倾诉衷肠（说得明白点，他最好有的是钱）……洛莉塔的男用香水就是从这里获得灵感的……

女人想要的是……

一个温暖小窝，洛莉塔的一款香水就叫这个名字……我们在这个小窝里吃着毛毛虫形的圣诞蛋糕（绿色的！！！），就像她为勒诺特[2]（*Lenôtre*）设计的那样……然后在她所谓神奇的蜡烛的微光下做爱（如果还能动的话）……

女人想要的是……

穿着梦幻般的婚纱（有时候就是为了穿婚纱而）结婚……就像洛莉塔设计的那种：丝缎质地、烟笼薄纱、缀满花边、镶着珍珠、束带飘逸……陈列在马莱（Marais）（这里当然是指一个区[3]）的商店里……

女人想要的是……

生养孩子，而且是从不讨人嫌的孩子；解释一下就
是：乖乖巧巧、全班第一名、衣服永远干净整洁……就
像洛莉塔在她创作的卡夏尔（Cacharel）－儿童系列中向
我们展现的一样……

这就是女人想要的！如果其中每一条都得到遵守，皮埃尔·德普罗日（Pierre
Desproges）4说的话就会成为至理名言："那些说女人性冷感的男人都是在诽谤"
（在这一点上，洛莉塔什么都没做……）。

03

珠光宝气的疯狂鸡尾酒会

满眼都是炫目的色彩，T台走秀成为真正的演出；有些人敢于颠覆规则，打破精神禁锢。当时尚成为一种宣泄，我们就能见到肥胖的模特、站在T台上的宇航员、用铝做的服装——穿着它非常适合去街角的便利店买东西……

帕柯·拉巴纳
Paco Rabanne

帕柯·拉巴纳根本就不该做时装设计师！完全不应该！不是说他没做好而"不应该"，而是他的志愿本来是做建筑师……知道了这一点，我们就能明白为什么30年来，他一直试图让我们穿上铁的、铝的、塑料的……衣服了

那么，帕柯为什么会做上时装设计师呢？这和一个医科学生最后转向药剂学是一样的道理……因为这更简单！尤其当我们有这方面的便利条件……

1952年，弗朗西斯科·拉巴奈达·居埃弗尔（Fransisco Rabaneda Cuervo）（这是他的本名）进入国家美术学院。他在建筑学院的第一年基本是浪费时间，别人不让他立刻去造房子。这个建议令人放心。他于是有的是时间做各种小玩意。甚至还能剩下一些拿去卖钱……

巴黎世家（Balenciaga）、古耶芝（Courrèges）、卡丹（Cardin）和纪梵希是第一批向他购买配饰的设计师。这意味着帕柯的起飞。

1964年，帕柯30岁，推出了第一套……套……套……当然是系列时装，但用的材质一点都不符合惯例。"这次发布会展出了12套实验性质的、

几乎不能穿的衣服。"设计师本人如是说。

毫无疑问，整个巴黎都震惊了，因为过于惊讶而觉得：这简直是帅呆酷毙了！！！然而帕柯并没有等来成堆的订单（太奇怪啦！铝做的衣服穿起来多方便啊！）。直到他终于开窍，明白想要成功，就得首先打动那些无所不穿的人——女明星。弗朗索瓦丝·阿尔蒂（Françoise Hardy）、简·毕金（Jane Birkin）和阿曼达·莉尔（Amanda Lear）（您没看错，那时候她们很有名！）于是成了他的灵感女神。

帕柯发家了……可喜可贺！他开始涉足预言领域……他在1993年发表言论如下："密特朗将在年内离开爱丽舍宫。戈尔巴乔夫会重新掌权。1995年第三次世界大战将在意大利爆发。"

好吧……

"我的角色一直是使用时尚之外的材质，将自己和其他设计师分开，处于非主流的地位。"——帕柯·拉巴纳

让-路易·雪莱
Jean-Louis Scherrer

雪莱是第一个为女人设计男士西装的设计师，出于礼貌，我们也得以其人之道还其人之身……

让-路易想做舞蹈家。他的起步不错，直到一次不幸的坠落，使他的脸（和其他器官）受了伤。于是他决定投身另一个同样充满"男性气概"的事业：女性时装。先是在迪奥做，和年轻的伊夫·圣洛朗是同事；两个人似乎相处得很"好"，因为两年以后让-路易离开了。

接着他去了路易·费罗（Louis Féraud），在那里待了足够多的时间，积攒了一些"路易"[1]，1962年开起了自己的公司。

他的第一套系列时装是在一个葡萄酒窖发布的，这主意不错；因为他推出的都是些猫科动物般黄褐色的披肩式的宽大衣服，镶着色彩艳丽的印花图案（可不是一点点）。所以当您得知他的品牌在阿拉伯国家卖得很好时，您大概不会惊讶吧。

1971年，让-路易进军（没有比这更合适的词了）成衣市场：巴洛克风格的刺绣、平纹细布、镂空花边、镀金箔片……这一切配合起来造成了出乎意料（"牛！"就一个字）的效果，大受日本人——当然还有其他东方人民的欢迎。

随后让-路易推出了第一款香水，非常平实地取名为让-路易·雪莱；第二款香水出其不意地叫做雪莱2号；第三款也就是最后一款，名为"印度之夜"（如果香氛可以持续好几个晚上的话）。

让-路易最后把他的公司卖给了日本人，同时也就被炒了鱿鱼。啊，人世间真的毫无公正可言！如果真有的话……

"雪莱走了，但美名永存……"

1 路易（Louis）是指法国封建时代的一种旧金币，这里用谐音手法指钱。——译注

安德烈·古耶芝

Audré Courrèges

对于发明了迷你裙的这一位，我们只能深表感谢（除非我们没有腿……）。

古耶芝总是自称未来主义者。实际上，他难道不是怀旧主义者吗？

他的第一个职业是土木工程师。二战期间，他是空间飞行员，一个需要亲自实践的活儿。然后他改变了方向：和一到两个设计师的合作尝试，和巴黎世家（Balenciaga）的相遇，成为了长达10年美好合作的开端……直到安德烈表示想展开自己的翅膀。老板向他伸出了援助之手。这在业界是前所未有的，但后面更有看头……

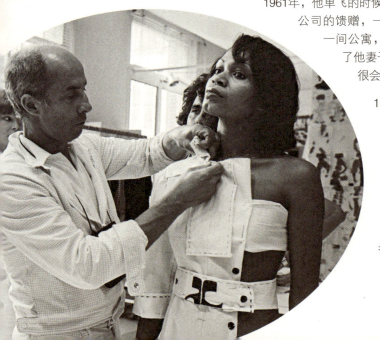

1961年，他单飞的时候，手头有5个客户——公司的馈赠，一小笔钱——能买得起一间公寓，一个同事——后来成了他妻子（对，我们可以说他很会物尽其用）。

1964年成为他的腾飞之年：皮肤雪白的模特们穿着按舷窗概念设计的裙子，降落伞式的雨衣和平平的高帽子，从头到脚都是金属。或者让我们相信设计者说的"这是从2000

年的人们身上获得的灵感"，或者让我们理解为这是设计者对自己过去——也许是当飞行员的那段时光——的致敬。

随后古耶芝推出了一套名为"太空时代"的系列时装：简单、直线条、尖锐而多角、塑料焊接。这几乎就像是在谈论飞机制造么……

在后来的一次时装发布会上，安德烈介绍了一款小型电力汽车。猜猜看他小时候玩些什么？您瞧，您也能成为弗洛伊德……

1972年，他设计了奥运会服装。这一次涉足成人世界不那么愉快（详见72年的奥运会[1]），使他过了5年才想到回归，推出男装支线：他用夹克衫（飞行员穿的那种夹克衫，这多有意思啊！）取代了西服上衣。

1996年，安德烈退休了，由他妻子接班。自那以来，他又推出了一款新的电力汽车。哦想想看吧，他到底是未来主义者还是怀旧主义者呢，这个安德烈·古耶芝？

"我得做短一点，因为女人也要爬楼梯。可裙子一短，就能看到袜子的上端，所以我又让她穿上一条连裤袜。我的裙子就是要那种穿着刚刚好的感觉。"
——安德烈·古耶芝

1 1972年慕尼黑奥运会上，发生了以色列运动员被恐怖分子杀害的严重政治恐怖事件。——译注

61

克劳德·蒙塔那
Claude Montana

克劳德·蒙塔那很特别……您自己往下看吧！

首先特别的是，他出生在巴黎一个完整的家庭里（而且是个三口之家），家境优裕。然而他一成年就去了伦敦，制作珠宝……用碎纸！这玩意儿卖得如此之"好"，使他在一年后有足够的钱买一张渡轮票回法国，外加一个火腿（没有黄油）……

然后他在皮衣制造商马克·道格拉斯（Mac Douglas）手下做助手。他在这里学到了一切。当时那个设计师对他很好……他也还之以礼——占了他的位子……

1979年，他终于自立门户。第一次女装发布会令所有受邀者心醉神迷（特别是肉欲爱好者们）；可能只有一个人除外——马克·道格拉斯怒气冲冲，他在大厅里看到了原先属于自己的客户……

随后推出的是一套男式系列时装：黑色皮质大斗篷、硬领、靴子……让人惊讶的是，公众对此喝尽倒彩（几乎把他批得一无是处）……除了一个人：他的父亲（也许老人家怀旧地想起了自己在德国度过的青年时期？）。

最终，克劳德在1985年发明了令他声誉卓著的东西：三角形女性。美式橄榄球运动员那样的宽肩膀，蜜蜂般的细腰，全身穿着紧身的彩色皮衣。也就是说，很拘谨。

"他和自己所处的时代保持着距离。他和时尚的距离不会比和前者更近，但在80年代，没有人意识到这一点。"
——模特丹妮尔·霙凯（Danielle Luquet）

可结果却大受欢迎，至少在业界如此：那一年克劳德获得了时尚界奥斯卡大奖的最佳系列时装奖。他趁热打铁，在两年后推出了以毛皮为主的支线服装：水貂皮、海豹皮甚至狼皮……多"高明"的创意啊——这一年，全球声势最大的反毛皮运动正好开展得如火如荼！克劳德濒临破产（问问是为什么），加入朗万。他在高级时装界的成就以蝉联两届金顶针奖和一纸解聘书而告终……是不是因为缀满钉子的胶乳短裤不讨高层欢心呢？

克劳德于是投身体育服装，不过我们还是别继续这个话题了。最后有个好消息：正是在同一年，他和美国超模华丽丝·弗兰肯（Wallis Franken）结婚了……可是两年以后，这可人儿就自杀了……很特别，不是吗？

高田贤三
Takada Kenzo

"只有大胆尝试的人才会成功。"——高乃依（Corneille）

当高田贤三对父母说不想学语言而想成为设计师的时候，这是他的第一次"大胆尝试"。在50年代的日本，没有一个男人会把这作为职业。何况全国唯一一所时装设计学校只收女生！总之就是这么规定的……

……其实也不是完全不行。高田贤三敢于成为日本文化服装学院（Bunka Fashion College）（名气响当当）有史以来的第一个男生。官方的解释是：高田进校意味着该校愿意向男性敞开大门。非官方的解释是：见鬼！他一定是给校长吃了迷药了，这家伙！

1964年，他离开日本前往巴黎。毕业证书是有的，但是没有钱，而且是坐船！为了让大家对这段漫长路程有个形象的认识，我来举个例子：他上船的时候下巴光秃秃的，胡子刮得很干净；到下船的时候，已经长了7根毛啦（这对一个亚洲人来说，已经是一副很浓密的大胡子了）。

巴黎正"等"着他呢。他到的时候，不仅赶上欧洲经济大衰退，而且手头的文凭不被承认，再加上他一句法语都不会说。看起来障碍重重……

半年以后，他卖出了5幅设计给让·费罗（Jean Féraud）（甚至都不是给路易·费罗！）高田贤三又一次大胆尝试，做了当时（似乎）没有人会做的事：自己上门找客户！

高田贤三是一种解构的、优雅的、中庸的风格，一下子就让法国人借鉴上了。

1970年，果然被他找到了一百来个顾客（他们原先的赞助商一旦知道，就肯定不会善罢甘休的），并向他们展示了第一套系列时装。要说他跑老远来寻找艺术灵感，恐怕也不大对：所有的服装都是和服。

可这些和服偏偏成功了！几个月后，高田开了自己第一家店"丛林日本"（这个名字来自他的个人经历吗？）。

随后的故事就简单了：他不停地做和服，给男人的，给女人的，给孩子的；做有竹子香氛的香水；做上了漆的家具……一句话，这是一个日本人在法国的大胆革新，不过并没有非常拼命！这就让我们法国人最为刮目相看啦……

詹尼·范思哲

Gianni Versace

要想知道哪些是范思哲的衣服，有一个很简单的方法：金色的就是。它们永远都是金色的，永远！洋溢着一种"暴发户"的气质，那是因为……

詹尼小时候过得并不奢侈。他爸爸有工作，而且妈妈也工作……这种情况在50年代的意大利实在很少见。

她妈妈是裁缝，詹尼于是每天下午都来"神奇剧院"作坊，在地上爬来爬去（他那时还小）。结果就是：他长大后成了时装设计师。作为一个典型的意大利人，他在妈妈的裙子后面一直待到25岁……或许就是这段时间里他学会了做裙子！但是小袋鼠终于离开了家。

幸亏如此！他的第一套女式系列高级时装（非常性感）在米兰一经推出就博得了满堂彩！看样子全意大利的女人都想和范思哲邂逅，要求"一些更舒服的东西"——就像美国电影里男人女人在……那什么

"我根本就没什么志向！我的愿望是弹钢琴。但是我母亲让我对时装界的生活耳濡目染。她的服装作坊是我的学校。她一直都是先画个十字，然后直接剪裁，从来不依靠纸样。"
——詹尼·范思哲

1 范思哲在美国迈阿密海滩遇害身亡。
——译注

之前说的一样……

打住！詹尼的巨大成功使他知恩图报地推出了一种香水，名字就叫"詹尼·范思哲女用香水"（Gianni Versace femme）。

随后，著名舞蹈家莫里斯·贝雅尔（Maurice Béjart）（他永远都不累！！！这人今年已经多少岁来着？）请范思哲为自己设计芭蕾演出服……正是这些服装为范思哲奠定了赫赫声名。

1982年到1997年期间，詹尼设计了15场芭蕾演出服（而不是小道具）。他获得了4个荣誉勋章和3次美国时尚奥斯卡大奖（和电影界的奥斯卡一样荣耀）。关于他的生平，先后有8次展览，一部电影和一本书问世。这些都在他活着的时候。在所有的设计师中他是唯一的一个。

然而1997年7月15日[1]……

ps: 不能再说下去了。范思哲家族对描述详尽的传记很少有好脸色（不过您可以上我们的网站，都写在上面呢）。

蒂埃里·穆杰尔
Thierry Mugler

胶乳雨衣（说得更明白些，其实就是用车顶篷做的！），金属内衣（硬硬的，舒服得很），皮短裤（闻起来味道一定不错），羽毛（不一定放在我们认为的那些地方……啊不，就是那样没错！），绒猴毛做的裙子，两头尖的雪茄，中国风的立领，纺锤形长裤（记得吗，就是下面有松紧带……上面让人难为情的那种式样）……所有这一切，都是穆杰尔的创作！欢迎来到他的世界（30岁以下请勿入内）……

蒂埃里是80年代进入时尚界的。对于已经不记得的人，我有必要提醒一下，那时候的服装界已经……怎么说呢……"拘谨"好些年了！肩膀垫得和美式橄榄球运动员一样宽（对女人来说），裸背（包括臀部），高筒靴（甚至是超短裤），脸画得像涂了一层利泊兰油漆（Ripolin）。蒂埃里也在这个行列里，用一小撮充满肉欲的视觉冲击点缀他的设计……

在这个10年快要结束的时候，他遇到了米莱娜·法蒙[1]（Mylène Farmer）（有意思的是，他本来差点就碰到香塔尔·戈雅[2]（Chantal Goya）了）。后面就简单了，蒂埃里设计了这位未来之星的造型（look），元素始终没变：适当的性感（不会露骨得让我妈妈无法接受）、一撮肉欲（再来上个5大勺）、最后浇一（汤）匙的平庸。米莱娜为他1989年的首次个人发布会做了精心准备。

90年代初，他遇到了乔治·迈克尔（Georges Michael）（歌手多萝蒂（Dorothée）那天也在，不过没有让他缠住）。后面就简单了，他担任了迈克尔最新MV "太古怪"（Too funky）的导演；蒂埃里还是如法炮制，不过加了一点……手法，您知道我想说什么……乔治·迈克尔在此基础上稍加修饰，于1992年推出。

2000年初，他遇到了阿梅丽·诺冬（Amélie Nothomb）[3]（同时在场的还有《小狗比夫》（Pif Le chien）的作者，但他丢了后者的电话号码）。后面就简单了，设计师和作家结下了深厚友谊……有下面这场关于 "扔出窗外" 的对话为证（朋友间经常会有这种对话的……）："我非常中意，"他说，"收下吧，这让我想到了您。"然后他拿出两张照片，上面的女子衣着雅致入时，在边上空白处轻飘飘地写着："您难道不认为，这种衣服最适合扔出窗外吗？"

告诉我你交什么样的朋友，我能说出你是什么样的人……

"蒂埃里·穆杰尔了解创作的最基本原则，也就是艺术先于现实：现实从艺术中获得灵感，而不是相反。"
——阿梅丽·诺冬

1　米莱娜·法蒙(Mylène Farmer)：(1961—)法国女歌手。——译注

2　香塔尔·戈雅(Chantal Goya)：(1942—)法国女歌手。——译注

3　阿梅丽·诺冬(Amélie Nothomb)：(1967—)比利时女作家。出生在日本，幼时跟随着大使父亲在亚洲许多国家居住过。以描写东西方文化差异的《诚惶诚恐》(Stupeur et tremblements)一举成名。——译注

维维安·韦斯特伍德
Vivienne Westwood

"我所有的衣服都有一个共同点，就是大胆。"维维安·韦斯特伍德这样给自己的设计下定义。说得真是再对没有了！

斯万小姐（Swire）出生在英格兰一个微缩景观般大小的村子里，父母都在邮电局做事。她一成年就做了任何人都会做的一件事：逃跑！她嫁给了德瑞克·韦斯特伍德（Derek Westwood），一个拿低保的技工。一年后，尽管已经怀孕，她还是做了任何人都会做的一件事：逃跑！

她姨妈愿意把新房子腾点空出来收留她……是一辆拖车！两年以后，她做了任何人都会做的事……

随后她认识了性手枪乐队（Sex Pistols）（4个稍微有点愤怒的摇滚乐手）的经理。两人一起开了家店……一家什么都卖——大致上，只要能让人兴奋就行——的店！朋克运动由此发端。维维安的成功（不过这是君主政体下的反抗手段）也由此开始。

她也曾试着和王室和解来着。第一次是在女王生日那天，未经邀请（真糊涂！）就带领着一百来号朋克前往晋见女王妈咪，一路嚷着："大不列颠要无政府主义！"

第二次尝试是给女王妈咪寄去自己第一次时装发布会的请柬。发布会主题是"朋克海盗"，用一个词来形容：别出心裁！唔……别出心裁……可是比不上后来推出的那些系列时装："几何印度"、"渴求鄙俗"、"女巫"、"催眠"……还有其他许多一看名字就传达风格的。很可惜女王被阻止了，没能去成……

但是维维安没有绝望，做出了第三次尝试。这回是和女王交起了朋友，以一套名为"伊丽莎白的青少年时代"的系列时装向她致敬：我们看到了短短的裙子，脏兮兮的T恤衫和全身穿环！女王陛下非常"高兴"！

然而，这都比不上维维安从业50年的那
一次：她重新起用改良后的紧身胸衣，一
举囊括了各大评奖的年度最佳设计师。玛格
丽特·撒切尔（显然被问了个措手不及）因此
声明："偶素真么庆幸她有英郭！"（我是这么
庆幸英国有她）

一个月后，女王妈咪（虽然牙痛让她无法微笑，可怜的人）给维维安举行了授勋仪
式……

"如果你对某件事物信以为真，只是因
为大家都这么想，那么其实你并不以
为然。"
——维维安·韦斯特伍德

让-夏尔·德卡斯特巴亚克

Jean-Charles de Castelbayac

如果您在看到教皇时想到了J-C[1]，这是很正常的……

让-夏尔的整个童年都在利穆赞（Limousin）一家男生寄宿学校度过（救命啊！）："我甚至没有权利得到一个小熊，我就像披着毯子的里纳斯（Linus）。"说得明白点，他冷，他孤单，他无聊得几乎要死掉。结果是：现在他得了彼得潘式的过于活跃症！这太让人欣慰了……

他推出第一套系列时装的时候才21岁，那是一种军事伪装风格的带斗篷大衣（他们在寄宿学校究竟对他做了些什么？！）。短短几个礼拜以后，他就为《奇怪的女士们》（Drôles de dames）中的法拉·弗塞特（Farrah Fawcett）设计了一套奇怪的衣服，还是军事伪装风格，不过实际上什么都没掩盖掉（所以才会获得成功）。

紧接着让-夏尔尝试着为一出戏剧做了舞台背景（现在一个人都不记得了……要不就是大家都努力把它忘掉），然后为伍迪·艾伦（Woody Allen）的电影《安妮·霍尔》（Annie Hall）设计服装。我们对这次合作一无所知，只知道让-夏尔接着就去了利莫日（Limoges）（羞于见人），在那儿做起了瓷器（看来受的打击挺大）。

他还在奥地利教了4年的实用艺术课（其间没有试着自杀，了不

"我觉得熊是一种很好的媒介，通过它能够以一种更有趣的方式反对使用真正的毛皮。"
——让-夏尔·德卡斯特巴亚克

1 这里的J-C是双关，既指Jean-Charles的首字母缩写，也指耶稣（Jésus Chris）。
——译注

起！），然后为罗赛（Ligne Roset）设计家具，最后终于回到了时尚界——百分之百、全心全意地回归了。1991年，他用39头白熊的毛皮（！）做了一件大衣；在麦当娜或是戴安娜·罗斯（Diana Ross）身上自然光彩照人，但您和我穿着恐怕很容易精神失常的。J-C同志被认为过于另类，被钉在了"设计不能穿的衣服"的大师神坛上……这给了他充裕的时间翻新索菲特（Sofitel）酒店——连锁的。

1997年，J-C东山再起。先是为教皇和5500名教士换了新衣，然后（没有任何逻辑关系？！）苏士（Suze）的瓶子、斯马特系列（Smart）、考克体育用品系列（coq sportif）、夜莺牌滑雪装备（Rossignol）和法国童子军……全都穿上了他设计的新装；还抽出空来在1999年当选了成衣工会的主席和缝纫工会的副主席……

让-夏尔虽然童年不幸，但如今已走出了阴影，走向了光明！要是他当时还曾挨过打，那如今会是怎样一个更加了不起的局面啊！

让-保罗·戈蒂埃

Jean-Paul Gaultier

如果有那么一个设计师让人无法质疑他的才华，那么此人非让-保罗·戈蒂埃莫属。然而一直以来，他都被称做"时尚界的可怕小孩"。为什么呢？

"小孩"，显然是因为他开始得早：18岁。"时尚界"，很对，他在这个领域工作。但是"可怕"，我们可以赋予好几个意思：

让-保罗做的第一件可怕的事，是在1976年。他设计了一套电子珠宝。也就是说，睡前一定要先取下，否则下场参考克劳德·弗朗索瓦（Claude François）[1]。

第二件可怕的事，是在1985年。给男人穿的裙子。这一套系列的名称叫做"给两个人穿的裙子"。正像名字显示的，穿上这样的衣服可以省钱……但省下的钱恐怕得付给心理医生（没有人认为穿裙子的男人是正常人）。

第三件战功，是在1989年。推出一张英语唱片：How to do that（"怎么做"）……都在里面了。

第四件发生在一年之后。（"绝妙"的）锥形内衣。先由麦当娜做试验，然后普及到所有女性身上，因为舞台之外很容易穿。

第五件作品，是在1992年。可移动的家具系列。推出后引发了很多抱怨和投诉，似乎基本都是针对楼上邻居的。

最后，让-保罗做的第六件可怕的事……到目前为止，已经持续3年了。男人用的化妆品。

鉴于以上证据，我们可以完全正当地相信戈蒂埃是疯子……但正如亚里士多德所说："天才身上都有疯狂因子！"

"我的时装发布会都诉说着我自己的故事，但和麦当娜在一起，我只有进入她的故事世界的份。"
——让-保罗·戈蒂埃

1 克劳德·弗朗索瓦（Claude François）（1939-1978）法国著名歌星，洗澡时换浴室灯泡而触电身亡。——译注

并且，当我们发现1990年让-保罗·戈蒂埃的营业额是600万欧元；10年后这个数字翻了四倍，我们可以说：这个（蓝眼睛白头发的）狡猾的人其实并没有失去理智啊！

约翰·加里亚诺
John Galliano

加里亚诺几乎就是时尚界的迈克尔·杰克逊，我们可不是说脸很像！即使的确……

像迈克尔一样，约翰接受了严格的教育：学校和教会。就这些，要知道，他每周都去做弥撒，还担任神甫的侍童（更确切地说，是做着玩）。但是他的舞台（姑且这么说吧）启蒙也很早："我和我的姐妹们，我们即使在去街角的杂货店之前，都要洗澡，撒爽身粉，梳头，喷香水，穿上我们最好的衣服，然后才动身。"

像迈克尔一样，约翰的经历光辉灿烂。他以第一名的成绩从英国最著名的时装学院毕业，全套毕业设计都被伦敦一家奢侈品商店买走，推出个人品牌，先后签约纪梵希和迪奥。

像迈克尔一样，约翰成了明星。1986、1987、1988、1994、1995和1997年当选全英最佳设计师（谁比他更好？），名列全球最有影响力的百位名人榜单[根据《时代周刊》和《电视杂志》（*Piscou Magazine*）]，在1998到2004年

间令迪奥的利润翻了三番（价钱也一样，或许就是因为这个原因？……）。

像迈克尔这个流行乐巨星一样，约翰就是个孩子！他把自己的头像做成木偶，他每次参加个人发布会，一定要化装成海盗，或是拿破仑（如果不是装成约瑟芬的话），或是灰姑娘（她泉下有知，一定不得安宁）。

最后，像迈克尔一样，约翰不断创新。不管是让侏儒、胖子、佝偻病患者、僵尸、老人、丑八怪……做他的模特，还是把某次发布会取名为"美女和流浪汉"（但台上只有流浪汉，没有美女）——此举受到许多流浪汉的吹捧，特别是最后约翰出场时脖子里围着一条银狐……

"与毫无品位相比，我宁愿选择恶的品位。"（约翰·加里亚诺）

04

古典主义、仿古风格或是时髦？

不不，古典并不等同于老掉牙！相反，从来没有哪种女士套装像夏奈尔（Chanel）一样，从来没有哪条围巾像爱玛仕（Hermès）一样，也从来没有哪件雨衣像巴柏瑞（Burberry）一样……在它们问世好几十年之后获得那样巨大的成功。时尚，便是永不过时。

爱玛仕家族

Hermès family

在成为一个商标之前，Hermès（赫尔墨斯）是古希腊的一位神祇（他可没有在国家就业总局登记在案）[1]······

(蒂埃里）爱玛仕（Thierry）Hermès是旅行者之神：他于1801年出生在德国，那个时候，新教徒还不配享有神之恩典！于是在1828年，蒂埃里移居法国。他（在臭烘烘的牛粪堆上）学习做鞍具，1837年开了自己的小工厂（没有遇到倒闭的危机）······

（夏尔-埃米尔）爱玛仕（Charles-Émile) Hermès是演说家之神：1878年，蒂埃里死了。夏尔-埃米尔子承父业。他接手后的第一个决定就是：搬厂（果然不愧为旅行者之神的儿子！）工厂的经营状况还过得去，但他还是和银行家们交涉了整整两年，才把工厂搬到了圣奥诺雷街区（Faubourg St Honoré）······这主意很好（至少好过给自己儿子取名叫阿道夫）······

（阿道夫和埃米尔-莫里斯）爱玛仕（Adolphe et Émile-Maurice）Hermès是商人之神：

- 1902年，马不再作为交通工具（而成为吃的东西）。夏尔-埃米尔的儿子，阿道夫，决定改做车身······既然如此，为什么不卖到更远的地方——比如法国以外呢？由此产生了"出口"一词！
- 1914年，阿道夫的兄弟，埃米尔-莫里斯前往加拿大。这个主意比待在法国要好（至少那一年是这样）······更何况他走后，工厂很快就歇业了。可见聪明是有遗传的。不许反驳！
- 1922年，辩论又一次开始。假设聪明真的有遗传，那么阿道夫就不至于被他兄弟埃米尔-莫里斯一脚踢掉（啊，除非是名字决定了他们各自的命运？）。可埃米尔-莫里斯又颇具发明头脑——当然是独自一人——发明了著名的丝绸方巾（如今全世界每20秒就能卖出一条！！！）。

BRIDES de GALA
par
HERMÈS
PARIS

1 赫尔墨斯，宙斯的使者，主司商业。
——译注

（让-雷奈·盖朗）爱玛仕（Jean-René Guerrand）Hermès是丰收之神：1951年，埃米尔-莫里斯的儿子让-雷奈继承了家业。爱玛仕在他的时代展现了前所未有的活力。人人都有爱玛仕方巾：格蕾丝·凯利（Grace Kelly）、英格丽·褒曼（Ingrid Bergman）、杰奎琳·肯尼迪，甚至连英国女王都有一条，上面托着她高贵的头颅（为了不让人把方巾偷走）。

（让-路易）爱玛仕（Jean-Louis）Hermès是金钱之神：他是让-雷奈的侄子，1978年掌控了家族企业。他把爱玛仕的名字拓展到了其他领域：服装、金银器、瓷器、水晶……应该说他做得很好；2001年的营业额高达12.27亿欧元！直到现在都没人能超过这个数字（尤其这一年还发生了"9·11"恐怖事件……）！

爱玛仕家族的人即使不是神，至少也肯定是深受众神宠爱的幸运儿（关于名字的诅咒姑且不论！）。

让娜·朗万

Jeanne Lanvin

> "人的伟大表现在当他决心超越自身所处境遇的时候。"——阿尔贝·加缪（Albert Camus）

让娜是家里11个孩子里的老大。他们穷得叮当响，住在一间小小的公寓里，付房租的通常是一位朋友，维克多·雨果（没错就是写《悲惨世界》的那位……）。除了穷，让娜还很难看，并且什么事都不会做。瞧瞧吧，这个头开得真是"好"呢！

13岁时，她在一个巴黎帽商那儿跑腿，很快人们就叫她"公交车"，一来她总是坐车送货，二来和她的身体有关……没人知道（不过可以稍微猜想一下……）16岁时她成为制帽学徒工，先是在法国，后来跑去西班牙：在那儿她的工资涨了100倍！她每月挣25法郎……18岁时，她回法国自己干了。她的面纱女帽一时间有了无数仿冒的赝品，她自己又何尝不是呢（从她戴这种帽子开始！）。

这些经历使她在1889年开了自己的服装店，全法国第一家。并且结了婚——和一个伯爵（comte），但不是银行里那个（compte）[1]：她花了很多时间来照看

他，而他则整天寻花问柳（必须说明一下，在家里让娜可不戴面纱）。不过让娜仍然生了个孩子，随后在1903年把丈夫踢出了家门。

她推出了男童服装支线，他们一直都是父母的缩小版复制品（可怜的小家伙们！）。1907年她又结婚了。这一任丈夫是个混蛋领事，很快两人就离了婚。让娜于是投身到了女式服装上，1909年开了自己的高级时装店。

"要尽情想象力。想象力首先应该用来预见我们设想的东西有什么缺点。要一边创造一边删除。"
——让娜·朗万

13年以后，她手上拥有了巴黎的3家店和遍布欧洲的7个分店；尽管如此，让娜仍然有大把大把的时间和女儿厮守在一起。玛格丽特表面上很乐在其中：但她每次都是一结婚就离开法国，第一次是1917年和克莱蒙梭（Clemenceau）的孙子，第二次是1924年和波利尼亚克（Polignac）王子……

1 "伯爵"（comte）和"账户"（compte）在法语中发音相同。
——译注

1946年，让娜离开了人世，谁又重现人世了？玛格丽特！可见生了孩子还是有用的，大家都生去吧……

汤玛斯·巴柏瑞

Thomas Burberry

所有的设计师都能映照他们所处的时代，有时候，他们中的一个人能够映照整个人类历史……

汤玛斯·巴柏瑞是19世纪英国一个默默无闻的服装商，他在厄运中遇到了好运：有一天，他偶遇一个牧羊人，牧羊人跟他说下雨的时候自己就拔下羊毛来避雨（您想想，这牧羊人是多么孤独啊……能够找个人说说话是多么开心啊！）。

这次交谈（哦，激动人心的交谈）之后，汤玛斯于1871年发明了一种"斜纹呢"（gabardine），既不渗水也不容易皱。然后这个明明只想打发掉一个牧羊人，却在无意间改写了历史的人开始了他的传奇……

维多利亚女王听说了这种神奇的布料。她想要斜纹呢！汤玛斯成为了"女王陛下的御用

供货商"。很明显，这为他打
开了好多扇门！温斯顿·丘吉尔
也想要，埃米尔·鲁贝（Émile
Loubet）（如今没人记得他了，
不过人家其实可是1899年至
1906年间我们的总统呢）还希望
能有一条斜纹呢的小肩带。

我们的汤玛斯顺风顺水，名声
甚至传到了南极大陆。第一
位勇闯南极的探险家给他写信
道："万分感谢您，我在坐雪
橇去南极的时候，巴柏瑞的大
衣派到了大用场；它们不愧是
我真正的好朋友。"

再也不需要其他任何证据向爱德
华七世表明斜纹呢的坚固啦！
1901年，汤玛斯收到了为英格
兰军队制作50万套军服的订单。
他发明了一款防雨风衣（trench-
coat）（又一项聪明而决不平庸
的新产品）让士兵在壕沟里穿，加上一条
金属环腰带，上面的襻扣是用来放手榴弹
的！您以后每次束腰带都会想到这事吧……

1919年，约翰·威廉姆斯·阿尔科克（John
William Alcock）和亚瑟·怀顿·布朗（Arthur
Whitten Brown）穿着巴柏瑞首次飞越了大西洋。

1926年，汤玛斯离开人世。发明了雨衣但是绝不"雨"（愚）蠢的人的故事到此画
上了圆满句号……

"不要脱离历史。汤玛斯·巴柏瑞既给国
王、也给他的军队做衣服。既奢华又民
主化：我们不能只面对精英阶层。"
——克里斯托弗·巴柏瑞
（Christopher Burberry）
巴柏瑞的创意总监

可可·夏奈尔
Coco Chanel

时尚界的女人实在不很多（真的没有，您数数就知道了……），所以我们一个都不能少，特别当对象是可可·夏奈尔的时候……

可可·夏奈尔本名加布里埃尔·夏奈尔（Gabrielle Chasnel），在克雷兹（Corrèze）的一个孤儿院长大。所有混迹于小烟酒店的民间心理学家都会说，她其实想做的是其他事……他们说对了！加布里埃尔起先想唱歌，但是阿尔弗雷德·卡佩尔（Alfred Capel）——就像他的名字显示的那样（我想是在意大利语里的意思）——想让她做帽子。

自己的帽子店开了一年以后，1909年，已经改名可可的加布里埃尔进军服装，然后说实话，哇哦！！！服装的历史由此而改变……1915年，女人们把自己裹得像刚出生的婴儿，被紧身胸衣勒得死死的，全身挂满各种饰带——一句话，她们被禁锢着，被压抑着，几乎窒息。可可建议她们自我解放……而且不是一点点！她第一套系列时装的式样是针织的紧身上衣！那时候这种材质只限于做内衣……大胆恣肆的可可！

1920年，她走得更远：让模特们剪了短发，穿上长裤。那时候，只有男人才被允许……像男人一样穿。几个月后，她甚至发明了超短裙！！！可想而知，这位小姐赚了大钱。她的革新之路还没完呢……

1921年，香水之年……可可成为了夏奈尔小姐，要求俄国沙皇的"鼻子"（是闻香师的鼻子而不是沙皇的鼻子！）为她做二十几瓶香水试样。她选中了5号……以及玛丽莲·梦露的电话号码——她是这样向可可致谢的："我穿什么睡觉？几滴5号香水……"

"如果一个女人不会穿衣服，我们注意到的是她的裙子；但如果她穿着无瑕可击，那么我们注意的是她本人。"
——可可·夏奈尔

妮娜·丽姿
Nina Ricci

您的心上人今晚要把您介绍给他母亲？赶快钻到妮娜·丽姿的专卖店里去！在那儿您不仅能学会得体的对话（售货员都说古法语，有些还说拉丁语），还能找到那件最理想的服装（比较宽大、色彩柔和、长度适中），并且能得到不少细致入微的建议（把短发卷成波浪）。总之，您将在未来婆婆面前表现得完美无缺（除非这是个不反对克隆的新式母亲……）。

妮娜·丽姿的风格是比较古典，但不等于过时……三四十年代的丽姿服装在当时的妙龄少女中风靡一时（如今她们是我们的奶奶辈啦……）。

妮娜·丽姿的风格是比较古典，但不等于没人赏识……长度拖到小腿肚的裙子（mi-mollet）就是她的创意（不是指半溏心的鸡蛋！（oeuf mi-mollet）） 1945年她隐退之际，她的儿子罗伯特（Robert）研发了香水"纯真年代"（L'air du temps），全球最畅销的5种香水之一（根据1948年的一项调查……）。

妮娜·丽姿的风格是比较古典，但不等于僵化……妮娜走后，接替她的是于勒-弗朗索瓦·克拉埃（Jules-François Crahay），他的番红花裙＋包头帽设计非常前卫（在1954年……），10年后雅克·毕巴尔（Jacques Pipart）的鸡尾酒裙子也堪称先锋（当我们知道它不是指装在杯子里的酒以后）。

妮娜·丽姿的风格是比较古典，但不
等于卖不出去……妮娜于1932年开
了自己的高级时装店。起先只有一个
地方；7年以后，我们能够在第八区的3
幢大楼表面看到她的商标（那可是68年以前
了……）

1 法国近年来夏天持续高温，尤其是2003
年的热浪，据官方报道，导致了14000人
死亡，尤以老人居多。——译注

妮娜·丽姿的风格是比较古典，但不等于销声匿迹……1945年妮娜传给了她儿子，
1988年她儿子传给了自己的侄子，1997年她儿子的侄子传给了西班牙的"Puig"集
团，到目前为止暂时还归它管（要不您去接手？）。在这么多年里，丽姿的顾客群
从来没有流失过！啊，不对……在那个热死人的夏天[1]以后 少了那么一些，不过就
少了这些！

马塞尔·罗莎
Marcel Rochas

如果有一天我们能克隆一个人，那就选马塞尔·罗莎好了！既然已经选了他，那就再克隆几十亿个副本好了……

1925 年马塞尔开了自己的服装工作室。很显然，人们已经等他好久了：整个好莱坞都对他的式样趋之若鹜！即使我们只愿意记住下面几个名字：珍·哈露（Jean Harlow）、凯瑟琳·赫本（Katharine Hepburn）、玛琳·黛德丽（Marlene Dietrich）（是的，最好还是别提到芭芭拉·卡特兰（Barbara Cartland）了，她1米5的个子，体重却有83公斤）……

接下来，轮到米歇尔·摩根（Michèle Morgan）几乎失去理智地迷恋马塞尔的裙子……甚至为此羞辱可可·夏奈尔（真的！）。那是在1938年，两个女人正在谈论"你知道，你有双美丽的眼睛"[1]的服装（就是那部电影里她要穿的），米歇尔很平静地拿出了一张她喜欢的设计图纸……马塞尔的（不然这故事就不好玩了[2]）。"她只要再穿一件雨衣，戴一顶贝雷帽，就十全十美了！"可可回应道（她觉得自己很能胜任给这位女明星化妆……）。

随后在1944年，一位名叫艾莲娜（Hélène）的17岁女模特也发疯一般爱上了马塞尔，她婚礼时身上洒的便是准新郎特别送给她的结婚礼物——一款名为"女人"的香水。谁能取个更好的名字？真有趣，没有多少男人举手！

梅·韦斯特（Mae West）是最后一个为马塞尔带来荣耀的女人。1946年，马塞尔为她……以及她丰满的体型（在飞机上至少占两个位子）设计了塑身内衣（guêpière）；之所以叫这个名字是因为它想达到"蜂腰"（guêpe）的效果，但实际上，据我们所知，更多的原因是因为穿上它你就根本无法呼吸……总而言之，这精妙的设计让梅·韦斯特一下子就成了性感宝贝（因为80A变成了90D）……

好了！如果到这里您都不能肯定克隆马塞尔带来的好处（相比之下，把一只羊克隆无数次都不能给任何人带来幸福），那是因为您还不知道最后一条：1948年，他推出一款名叫"苍蝇"的香水——和他的猫同名！一只非常可爱的猫！这之后不久，活了53岁的他离开了人世，留下了全法国最年轻的总裁（28岁）：他的遗孀艾莲娜……啊，说真的，这马塞尔真是不赖啊……

"在见到那个女人之前，就得闻香识伊人。"
——马塞尔·罗莎

1 这句话是让·迦本（Jean Gabin）在遇到米歇尔·摩根时对她说的，两人当时合作出演马塞尔·卡内（Marcel Carné）的著名电影《雾码头》（Quai des Brumes）（1938年）。——译注

2 其实是马塞尔·罗莎的，但夏奈尔误以为是导演马塞尔·卡内的。——译注

皮尔·卡丹

Pierre Cardin

在巴黎有一处私邸，在西班牙有一栋房子，在威尼斯有一座宫殿（原来属于卡萨诺瓦（Casanova）），在法国南部还有一座宫殿（Palais Bulle），在吕贝龙（Lubéron）有一座城堡（原来属于萨德侯爵（Marquis de Sade）），一家剧院，19家饭店（马克西姆！）（Maxim's），3条船，2家酒店，一些杂货店，一本杂志，4000尾锦鲤，13条苏格兰牧羊犬，400只名贵的鸟，还有，一家（价值10亿欧元的）公司：以上这些都归皮尔·卡丹所有。

来 吧，您可以放声大哭！……也可以从中取经：

皮耶特罗·卡蒂尼（Pietro Cardini）是威尼斯人，有6个兄弟姐妹。他是最小的，他的父母年纪又大又没钱。简单一句话，他可没有耽搁自己的前程。二战期间他来到法国，（在没有文凭的情况下）找到一个会计的职位……为设在维希傀儡政府所在地的红十字会工作（对此我们不予置评）。

二战结束后，他北上巴黎，为一个制衣商做剪裁工（和他在维希做的工作风马牛不相及！），然后为两家高级时装店做临时设计师。1946年，他进了迪奥（足以让人产生飞飞鼠[1]情结）。

4年以后，皮埃尔建了自己的工作室。他的设计很讨人喜欢，但还不足以赚大钱（至少不可能成为亿万富翁）。于是他投身到成衣制造业中。服装业公会除了他的名，但这事给他的触动就好比把他从安达卢西亚的蚂蚁群里赶走一样。

从那时起，他在各个领域充分发挥了才华，在许许多多国家开店设厂，签下了数量更为可观的许可证，甚至投资石头（pierre）。一句话：他发财了（这还是个很保守的说法）。

"才华和品位都不够，只有风格才最重
要。"
——皮尔·卡丹

1 飞飞鼠（Speedy Gonzales），华纳公
司1953年创造的墨西哥飞毛腿小老鼠形
象，以动作迅捷著称。——译注

如今，皮埃尔坐拥庞大帝国，却连一个广告都
没做过！他觉得下面这种方式更好：80年代，他曾
做过《巴黎竞赛画报》（Paris Match）的封面人物，和他领养的那对五胞胎（当
然都穿着卡丹牌）一起照相……就"咔嚓"一瞬间！还可以展示自己旗下的童装
系列……

华伦蒂诺·加拉瓦尼

Valentino Garavani

我下面要给您讲的，是一个如今20岁以下的人根本不了解的时代……

如今的华伦蒂诺大概成了老朽的同义词，但在他那个时代却是当之无愧的大师：1962年推出第一套系列时装，3年后成为意大利高级时装的代言人，紧接着夺得"内曼·马库斯"（Neiman Marcus）大奖——相当于时尚界的奥斯卡，获封功勋奖章骑士，被意大利总统称做"我国最伟大的时装设计师"。没有任何其他人能有如此殊荣……我们指的不仅是针对他个人的褒奖……

……还有他的设计风格，用一个词概括便是：洛可可（Rococo）……蓬起来的长裙（这还是保守说法），背后打个大蝴蝶结，还有千万不能忘掉的最后一道工序：玻璃、闪光金属片和水晶饰品（这不仅是他的设计的最后一步，也很可能是男女欢爱之前的最后一步……）。

华伦蒂诺也是胆子大的同义词："她们穿得活像粗野的流浪汉"，他如此评价茱莉亚·罗伯茨（Julia Roberts）和卡梅伦·迪亚兹，更别说他还和凯瑟琳·德纳芙（Catherine Deneuve）、秀兰·邓波儿（Shirley Temple）一起创建了"反-帕里斯·希尔顿协会"，还有其他一些什么人（旧日名流）……

但是对华伦蒂诺来说，最合适的同义词是自私：
- 首先，他是唯一一个不以姓氏（加拉瓦尼）而以名字（华伦蒂诺）为品牌命名的设计师（意图很明显，就是让人人都记住，是他——而不是别的什么加拉瓦尼家族的人——创建了这个品牌！）。
- 其次，他所有的设计和创意都叫"华伦蒂诺"：他的系列时装、他的门店、他的香水、他的书，甚至他的歌剧（没错，他编写了自己的歌剧！）。他还发明了一种叫做"华伦蒂诺"的颜色，其实不是别的，就是红色而已……和巴托克（Bartok）[1]的玫红色正好配成一对（没有理由让他独占这个唯一！）……
- 最后，他的知名度可以和教皇媲美（当然是他自己说的！），就像我的书也能和让·端木松（Jean d'Ormesson）[2]的新作一较高下，难道不是吗？

"他是唯一的。他是最后的大师。华伦蒂诺的每一条裙子都是一件真正的珠宝。"
——娜奥米·坎贝尔

1 即作者本人。——译注
2 让·端木松(Jean d'Ormesson) (1925—)法国著名作家，法兰西学院院士。——译注

古琦奥·古琦

Guccio Gucci

性-金钱-谋杀是古琦传奇的三大要素……真好啊!

——切都开始于1890年的伦敦。古琦——他名叫古琦奥（我没在开玩笑!）——是一家大酒店的马夫。他只有9岁（他的父母明显很讨厌他!）。31年后他

回到故土意大利，开了一家不起眼的皮革制品店，很快就发展出了一个王国……

1953年，古琦奥去世，留下3个继承者：阿尔多（Aldo）、瓦斯科（Vasco）、鲁道夫（Rodolpho）……如果我们再算上那些虽然不知流落何方、但是一样为他的死而痛哭流涕的（财富是加固家庭关系的纽带）兄弟、姐妹、堂兄弟、堂姐妹、表兄弟、表姐妹们的话，继承者数量就远远不止了……

阿尔多理应是公司大老板，但没人理会这点。结果是：每个人都利用父亲的遗产开创自己的事业；5年后，大笔财产已经用得差不多了，这就有利于保持家庭的和睦氛围（看看尤因一家吧[1]）……

1980年，阿尔多的儿子保罗（Paolo）想往上升一步，取代他老爹的位子。老爹说不行。好吧，然后，老爹就因为偷税漏税进了监狱（就算是小杰（JR）[2]都不敢这么对他爸爸）！

现在轮到鲁道夫接手；在那以前，他一直忙于无数场哑剧排练；但正因如此，他被认为完全胜任这个职位。10年以后，庞大的帝国崩溃了……

……差一点！他儿子莫里奇奥（Maurizio）登上前台，把他的堂兄弟们全都踢出去，买下他们的股份，然后把50%的股权再卖给一家投资集团。真是一笔好生意！古琦得以免于破产。莫里奇奥在商业上的天分没比他父亲好多少，但他很会团结周围的人（几乎有点过头了）。

1990年，他聘请了（过分性感）的汤姆·福特（Tom Ford）。自此，古琦恢复了它公认的显赫地位……而莫里奇奥却挨了他前妻的三颗子弹。因为她早就提醒过，要他付赡养费了！

欢迎来到"枷"（家）庭……

克里斯蒂安·拉克洛瓦

Christian Lacroix

**"我做的这个职业，与其说是建筑师，倒不如说是装潢师。"
这句话是克里斯蒂安·拉克洛瓦说的。但关键是，他实际上既
不搞建筑也不做装潢。他是（真得有个人好好提醒他一下！）
时装设计师！不管怎么说，这解释了为什么当我们穿上他的服
装，整个人就像是块双层窗帘布……但这窗帘到底还是很漂
亮的啊！！！**

克里斯蒂安始终有一种……这么说吧……非常适合他自己的品
位……

很小的时候，他就对歌剧、芭蕾和戏剧情有独钟。

稍大一点，他想成为博物馆馆长（太有意思了！）。

成年以后，他和弗朗索瓦丝（Françoise）结婚；后者"在十一月里直
接在T恤外面套上毛皮衣服，戴黑色珍珠项链的同时脚穿白皮鞋"。

（但是和我们以为的截然不同）就是这么个弗朗索瓦丝，居然在
时尚界有几个朋友；其中一个叫让-雅克·皮卡尔（Jean-Jacques
Picart）的，是新闻专员，知道爱玛仕正在招设计师。克里斯蒂安
在1978年被录取了。他在那儿做了两年，然后为纪·博兰（Guy
Paulin）工作，接着又在1981年去了让·巴杜（Jean Patou）。在
此工作期间，他获得了一次金顶针奖，可那是属于巴杜家的！

差不多一年后，美国授予他"最有影响力的外国设计师"称号，贝
尔纳·阿尔诺[1]（Bernard Arnault）给了他一笔资金。克里斯蒂安·拉
克洛瓦（终于）离开巴杜，满怀激情地开创起了自己的事业。

高级时装系列、成衣系列、童装、男装、家庭日用布制品、香水、珠宝、内衣、餐具饰品、结婚礼服、戏剧歌剧和芭蕾的演出服……拉克洛瓦什么都做。甚至还为高速列车（TGV）、拉鲁斯小字典、法航空姐、塔罗牌、马莱区的一家酒店以及一款芭比娃娃做外观设计。

拉克洛瓦曾说过"时装设计不是艺术，设计师也不是艺术家"，这话算是白说了。就算他是对的，那么他自己至少是个例外。

拉克洛瓦的女装是一件艺术作品。穿上它的人绝不可能在舞会上做壁花！大概不会……

"大街上的时装，那些紧跟设计风潮的衣服，最终我们几乎可以说，那才是真正的时尚。经久流传的时尚。如果半个或一个世纪以后的人想知道过去的时尚是怎样的，他不要去看T台走秀，而应该把目光投向大街。"
——克里斯蒂安·拉克洛瓦

1 贝尔纳·阿尔诺（Bernard Arnault）（1949- ），法国路易威登集团（LVMH）总裁。——译注

弗朗西斯科·斯马托/希巴杜

Francesco Smalto

我们至少能说，弗朗西斯科·斯马托是个不折不扣的傻子！

看到这个名字，您应该能想到他出生在意大利，后来因为喜欢时装设计而进了这行学习：先是在都灵一所学校，后来在一个裁缝舅舅那里住了9年（1937-1946年），5年后启程去了巴黎。

他先在冈（Camps）手下做裁剪工——不是如今那个做体育运动衫的[1]，而是51年到61年期间的一个男士服装品牌——后来自己单干。从这里开始，故事开始变得有趣了……

从进入时尚界开始，弗朗西斯科就显得与众不同。不仅因为他的料子是专门定制的，还开展订做业务（在当时来说很新鲜），而且是他发明了男式西服的内袋！还没完呢！男式雨衣的发明者也是他！甚至还顺便发明了配着一起穿的高筒胶靴：不过我们不能确定他在设计这玩意儿之前是不是喝高了……除非他觉得当时的男人们会敢于和克劳德·弗朗索瓦穿得一样，因为这位歌星的戏服也一样是由他设计的……

1980年，他决定展示自己在女装上的才华。这估计没花他太多力气：因为第一套系列时装就是……无尾长礼服！在他之前，还没有哪个设计者让女人穿……男人的衣服；结果居然很好：他的设计卖到6000欧一件，成了世界最富有的设计师之一……

……要不他就是靠拉皮条挣了很多钱……是的，是的，您没看错！1995年，他因为给加蓬总统奥马尔·邦戈（Omar Bongo）提供应召女郎而被判15个月监禁和60万法郎罚款……而这并不影响他继续拥有（那如今已经找不到在哪儿的）荣誉勋位勋章……

"订做服装，是考虑到每个人的体态，并为他遮掩缺陷……我做的工作和整容医生有点像。"
——弗朗西斯科·斯马托

1 Camp是意大利的一个体育用品品牌。——译注

日常的流行

05

我们中哪个人没有穿过"船牌"（Petit Bateau）小短裤，外面再罩上一条李维斯的（Levi's）501牛仔裤呢？谁又没有在大冷天把自己裹在暖和的娜芙-娜芙（Naf-Naf）羽绒衫里，在街上晃悠，一边欣赏着贝纳通（Benetton）蛊惑人心的广告策略呢？以上：写给街头巷尾那些深入人心的日常品牌！

李维·斯特劳斯

Levi Strauss

对斯特劳斯，只有一件事要说：牛仔裤，就是他；他，就是牛仔裤！现在，如果您想在社交晚宴上就此发表高谈阔论，您可以补充以下内容：

1850 年，美国第一波淘金热开始的时候，也是世界各地做着发财梦的人蜂拥而至的时候。您能听得懂吧？接下去讲。李维也是其中一员。他收拾起小小的行囊（姑且这么说）：一块做帐篷的帆布，然后——再见[1]巴伐利亚！你好旧金山！

他很快明白自己的工作，要不就手脚并用，摸爬滚打，要不就一无所获。他的帆布于是变成了裤子。起先只有他一个人，后来一冲动，所有人都穿上了……牛仔裤就此诞生。

1860年，帆布告罄。李维可不等着面包送上门来。他离开旧金山前往法国南部的尼姆（Nîmes），带回了"尼姆产帆布"（toile de Nîmes），如今演变成"丹宁布"（denim）。由于布料是蓝色的，牛仔裤就成了……蓝色牛仔裤（blue-jean）。

有一个名叫阿尔卡利·埃科（Alkali Ike）（光听这名字就让人心惊肉跳）的矿工抱怨说，裤子口袋太不牢了，多放几块金矿石就会破掉。李维一边雇用了贴身保镖，一边请全市的制衣业同行为他出谋划策（大家出于同情，很乐意提供帮助！）。雅各布·戴维斯（Jacob Davis），一个默默无闻的小裁缝，发明了撞钉。李维让他入了伙。

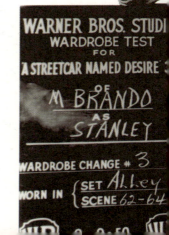

李维死于1902年。给他的侄儿们留下600万美元的巨额遗产，给戴维斯留下了公司的头把交椅，给自己的品牌留下了一个美好未来。

二战期间，所有登陆欧洲的美国士兵都穿着牛仔裤（哇哦！），古老的欧洲大陆被吸引了（特别是女人们）。

然后轮到好莱坞明星们成为牛仔裤的拥趸（把它们紧紧裹在腿上）：亨利·方达（Henri Fonda）、马龙·白兰度（Marlon Brando）、詹姆斯·迪恩（James Dean）、埃尔维斯·普莱斯利（Elvis Presley）…… 这回，连那些还不知牛仔裤为何物的国家都被迷住了（特别是它们的女人们）。

最后在80年代，牛仔裤中加入了莱卡（Lycra）。全球35亿人，人手一条。李维斯（Levi's）牛仔裤成了全世界穿的人最多的服装。我们可以说戴维斯赢得了奖杯……

马龙·白兰度，玛丽莲·梦露，詹姆斯·迪恩，埃尔维斯·普莱斯利，李维·斯特劳斯总是能征服大人物。

1 原文为德语。——译注

船牌 *Petit Bateau*

假如世上不曾有皮埃尔·瓦尔登（Pierre Valton）这个人，那么我们都会成为无套裤汉（sans-culottes）[1]！解释如下……

切开始于1918年。皮埃尔有13个孩子（是的，他是标准的天主教徒），让他不时有点光火，特别是，当他们齐声——走调地——高唱的时候："妈妈，小船在水面上漂浮……"这别扭的歌声终于有一天让做父亲的受不了了，他拿起剪刀，剪掉了小屁孩们的长裤衩……短裤就这样诞生了。

皮埃尔决定出售他的发明，并且，为了向小鬼们致敬，命名
为"小船"。短裤大获成功！不仅更凉快，还更卫
生，并且能让"小弟弟"待在原位不动：长
裤衩可就不行了。

1937年，巴黎世界博览会授予皮埃尔金
奖。但就算这样，还是养不活他（特别是
他那13个孩子）！因此必须找到其他发财之
路……

……就在两年以后！"船牌"推出了第一批彩色短裤
（当然不可能有前面黄色后面褐色的那种！），公司
营业额翻了十番。遗憾的是，皮埃尔就在那时过世了
（真是为谁辛苦为谁忙啊！）……

之后接手的自然是他的孩子们，他们干得还不赖。
1958年，"船牌"甚至拿到了和法国军队的合同。

然而到了1988年，"小船"面对大众消费品牌的
大型客轮几乎无力招架，好在它及时归入伊芙·若雪
（Yves Rocher）旗下，免去了灭顶之灾，
重新扬帆起航。1994年，卡尔·拉格菲尔德
（Karl Lagerfeld）让克劳迪娅·希弗（Claudia
Schiffer）为"船牌"走秀。
　　这好比是一场海啸！品牌在80天内环游了
地球……直到登上著名的《太阳报》的头版：穿在萨
达姆·侯赛因的尊臀上！！！真大胆不是吗？

雷奈·拉科斯特/鳄鱼

René Lacoste

拉科斯特的人生就是一部典型的名人传记：出身良好、困难不断、最后成为无数人的典范……

雷奈出生在一个有钱人家。证据是：1919年他就有网球可打（相当于今天有私人直升机可开）。

1920年，他决心违背父亲的意愿（哦不，爸爸！），不考综合理工学校（Polytechnique），而是致力于成为网球世界冠军，这条路可没那么容易。我们说简单一点，雷奈打得……不好，但是很努力！非常努力。以致当时的媒体给他取了个绰号叫"鳄鱼"，因为这是一种永不放弃的动物。

尽管如此，付出总有收获；经过9年坚持不懈的训练，雷奈终于得偿所愿：温布尔顿、法国国际公开赛、戴维斯杯、森山精英赛……他搜刮一个又一个奖杯，排名登上了世界第一……

……直到有一次他病了。网球场上可真冷啊；他换下料子僵硬的白色长袖套装（这是比赛规定服装），换上柔顺暖和的针织马球衫（对他可以网开一面）；还在马球衫上贴上了属于自己的标签：一条鳄鱼！咱们上场吧！

1929年，他赢得了法网公开赛冠军，结束了前途无量的职业生涯，开始了另一条创业之路……

4年以后，在人民大众"我们都想穿'鳄鱼'"的恳求下

"让品牌延续的最好办法，是对它保持忠诚。"
——克利斯托弗·勒梅尔（Christophe Lemaire）拉科斯特公司设计师

1 马忒（Jean-François Mattei）：时任法国卫生部部长。——译注

（一点都不夸张！），雷奈终于"让步"：推出了和他穿过的那件一模一样的马球衫，而且上面都有一条鳄鱼！这是品牌商标第一次在服装表面出现。也就是说，拉科斯特做的是免费广告！

艾森豪威尔穿着马球衫上了《生活》杂志封面。蓬皮杜总统和西班牙的胡安·卡洛斯国王穿着马球衫让记者拍照。即将成为肯尼迪夫人的杰奎琳为《巴黎竞赛画报》拍照，还是穿着马球衫！还有谁呢？马忒（Mattei）[1]！在2003年热死人的炎夏中……

ps: 很抱歉，拉科斯特家族不得不修改品牌商标。

唐娜·凯伦
Donna Karan

身高 5 英尺 9 英寸的唐娜·凯伦，实在不像是开创潮流的人，而适合一门心思经营自己的金库……

唐娜出生在纽约，有一个模特妈妈和一个制衣业的爸爸。她从爸爸那里（学）得到了一切。在著名的帕森设计学院（Parson school）读过一阵子后，1971年，她成了（当时）几乎一样著名的安妮·克莱恩（Anne Klein）的合作设计师，这可给后者带来了"好运"……3年后她就死了。1974年，年轻的唐娜非常自然地（至少我们希望如此！）领导起了整个工作室，做了整整10年直到卸任。

1984年：在水手丈夫的帮助下，她把自己的"瓶子"投向"大海"，赚得个钵满盆满。女性曲线美的发明者站在了时尚的风口浪尖。

1988年：据说唐娜找不到衣服给女儿穿，于是有了新主意，自己

推出了针对年轻人的品牌：DKNY
（Donna Karan New York）。不过，
为什么她还要同时推出适合其他群体
的支线呢？大概是为了摆脱困境吧。

1992年，故伎重演：唐娜向我们讲
述了她想给丈夫找衣服但怎么都找不
到合适的……故事（她"没"把我们
当傻子，这还比较好！），简而言
之，她又到男装市场这片"海域"来
航行了。我们没有听到任何传闻说，
她推出香水系列，也是因为没有任何
一款适合她丈夫的原因。

2001年，这艘名为"唐娜·凯伦"的
船以6.43亿美元的造价被更大型的巨
轮路易威登（LVMH）吞没了……这
使她终于不用再辛苦地划桨了……

"设计师永远都在舒适和奢华之间寻求
平衡。"
——唐娜·凯伦

丹尼尔 · 海切尔

Daniel Hechter

如果说肯尼迪的格言是"永不让人打倒"——弗雷德里克·达尔[1]（Frédéric Dard）是这么写的，那么丹尼尔·海切尔的格言也完全一样……

丹尼尔在时尚界的起步是从在服装店做店员开始的；也就是说，一个报酬少得可怜的拉门服务生。这种状况持续了两年，然后他为"费罗和埃斯特瑞尔"（Féraud et Esterel）设计了一些式样。这份活其实也没给他带来太多钱，但是他运气不错：他设计的一条裙子被碧姬·芭铎（Brigitte Bardot）看上了！丹尼尔的名声由此打响。他开了自己的工作室，但是由于资金有限，他的第一套系列时装实在不怎么像高级时装；成衣（Prêt-à-Porter）就此诞生了……

丹尼尔先是推出了一套男装，然后又做起了体育服装。他是第一个为滑雪运动员和网球运动员设计服装的设计师。既然已经到了这一步，他索性更进一步，组建了巴黎圣日耳曼足球队（PSG）。这让所有人都感到很好笑，一个设计师做一支足球队的头头——而且老实说，是一支实在不怎么样的球队——可是当他的俱乐部在短短一年后踢进了甲级联赛时，大家就笑不出来了。但好景不长，很快在巴黎王子公园主场的一次比赛中，球队卷入了卖黑市票的丑闻。丹尼尔被从主席位置上永久除名，沮丧不已……

谁能想得到，他又成了另一支足球队——斯特拉斯堡足球俱乐部——的主席？这一次的战绩虽然不那么辉煌，但至少他做了3年。

就在破产关头，他依靠一款香水走出了困境。香水卖得很不错，可丹尼尔厌倦了……因此他决定投身政界。好主意：在马赛大区议会待了两年后，他连寻死的心都有了！

112

"丹尼尔·海切尔，领导足球队的时装设计师。和表象不同，这一点都不好笑。"

1 弗雷德里克·达尔（Frédéric Dard）（1921-1999）法国作家，以黑色系列（Fleuve Noir）小说闻名。——译注
2 1997年起丹尼尔·海切尔移居瑞士日内瓦。——译注

结果是，他再次回归足球界！这一回他当上了副主席，可惜那支球队毫无名气。这让他失望了一阵子，可是要打倒我们的勇士可不容易……2000年，他摇身一变，成了作家！读读他的作品，您就会知道为什么从那以后他离开了法国[2]……

吕西阿诺·贝纳通

Luciano Benetton

当想到我们一生之中，曾经有一个学习编结的机会，摆在我们面前……可是我们没有珍惜！

1945 年的威尼斯。吕西阿诺·贝纳通的父亲去世，那时他刚10岁，是4个兄弟姐妹中的老大，承担起了一家之主的重担。但是当我们10岁的时候，担任这个职务显然还缺乏能力……吕西阿诺于是每天带着个小玩偶去兜售报纸（别忘了威尼斯是一座水城），一卖就是15年，也就等于划了15年的贡多拉……

虽然没什么雄心壮志，但吕西阿诺人很聪明，有一次，他注意到自己的小妹妹朱丽安娜（Giuliana）编结毛衣还不错……两小时以后，小姑娘就拿到了全村人的"订单"！吕西阿诺意识到这是一个财源，下决心去学营销。方向：英国。

两年以后，他离开香烟卖得狂贵的国度，带着足以让他成为有钱人的两个王牌回到家乡：

1-他的小妹妹成了毛衣杀手。

2-他带回一种技术，能先把毛衣样式织好，在最后一步才根据客户要求染色。

这么一来，他的产品根本就没有压仓库的可能。没有压仓库意味着，用人人都听得懂的话说：他获得了丰厚的盈利！

1963年，贝纳通兄妹俩在意大利开了第一家店，很快吉尔贝托（Gilberto）和卡洛（Carlo）——家里最小的两兄弟——也加入进来。他们日渐强大，已经可以消灭所有竞争对手……不是从肉体上消灭（当我们说的是意大利人，以上声明是很有必要的）！到1973年，贝纳通开了200家店。10年后，全球共有2000家店。如今这个数字增加到了5000……

啊……幸运的'吕西阿诺……

"如果要定义的话，贝纳通，就是色彩。"

1 原文为英语。——译注

玛丽特·吉尔伯和弗朗索瓦·吉尔伯

Marithé & François
Girbaud

这两个人要没有发明全球最受欢迎的服装——牛仔裤——的话，就会成为世界的抗议者（您要怎么理解都可以）……

1965 年，玛丽特和弗朗索瓦发明了"石洗"（stonewash），这一技术可以仿自然地让牛仔裤褪色，因为实际上就是用石头"刮"洗……效果绝对能得到保证：洗过的牛仔裤全是洞洞，机器则全部报废……

1974年，两人发明了"兜袋式"（baggy），这一技术能让人保持独身，因为实际上就是让一个只要穿36码的人穿46码，不过好处也是有的：你可以在裤子里拉屎，绝对不用担心被人发现……

1988年，这对夫妻发明了"变形牛仔裤"（métamorphojean），这一技术能够让牛仔裤笔直的接缝转过来。这对我们有什么用呢？除了让我们

不分前、后面以外，别无其他。这对他们有什么好处呢？让他们发财。就短短一年，他们卖出了700万条这样的牛仔裤……

1992年，玛丽特和弗朗索瓦意识到为了做牛仔裤，他们使用了太多的酸（您会想到什么？），决定加入"和平运动"，做个生态保护主义者；据他们说，此举让他们失去了很多顾客……可是并没持续多久……

2004年，牛仔裤教皇给法国主教们来了当头一棒：他们推出了一个牛仔裤广告，把耶稣最后的晚餐演绎成了淫乱的女同性恋版（大概就这么回事）……这个诡异的主意却让他们的营业额再次大幅上升了……

"聚聚之徒"、"伙伴"、"图卢兹－劳特雷克"（Toulouse–Lautrec）[1]、"安逸"：玛丽特和弗朗索瓦带着他们的牛仔裤入侵了美国市场。

1 亨利·德·图卢兹－劳特雷克（Henri de Toulouse–Lautrec），（1864–1901）法国画家，属于后印象派。——译注

117

娜芙-娜芙
Naf Naf

娜芙-娜芙远超其他同类品牌，是世界成衣界最漂亮的一次成功，特别是它的诞生纯粹出于一次巧合……

帕里昂特（Pariente）兄弟70年代末开了一家小工作室。他们做女式衣服而且卖得还不坏，但还不到让人笑得直不起腰来的地步（一言以蔽之）。

1983年，他们把一些连衫裙寄到印染商那儿：结果可好，回到他们手上的时候，这些衣服不仅斑斑点点，还皱皱巴巴。有一种说法是，兄弟俩恼恨之余，决定就照这个样子出售算了，必须说这点子很有创意：一个礼拜之内就卖出了300万……这就是所谓的交好运了！而且要知道，牌子名叫娜芙-娜芙（就是商标上那只小猪的名字），其实是为了向帕特里克·帕里昂特（Patrick Pariente）的大屁股致意，就是这样……

但是在这个品牌创始的传奇故事中，运气并不是唯一的主角。还有兄弟俩敏锐的商业头脑。他们一旦意识到连衫裙可能会火起来，就立刻在上面印上了公司的商标，而且干脆连电话号码也一并写上去了。这么一来，300万条裙子就成了300万张广告牌。

1987年，他们推出了羽绒服，创造了销售神话，然后就马不停蹄地做起了牛仔裤、眼镜、袜子、游泳衣、鞋子、家庭日用布制品……就算他们做娜芙-娜芙牌饺子，也一定能大卖的，因为80年代末他们的声势已经如日中天了；比如说，1991年，他们研发了名为"触感"（Une touche de NAF NAF）的香水，结果成了法国的畅销冠军（大家显然没先闻闻味道就买了）……

1993年，娜芙-娜芙是成衣界第一个上市公司。几个月后，兄弟俩收购了舍维农（Chevignon），往男装市场插了一脚，也让他们成了全球最富裕的700人之二……

可是1998年，小猪商标被换掉了，从那以后娜芙-娜芙便开始走下坡路啦……呼哧！呼哧！

De l'art ou du cochon.

"我很想知道那些30岁的女生们究竟能穿成什么样……"

Naf-Naf. Le grand méchant look.

更多轶闻

乔治·阿玛尼

乔治完全不像72岁的人，他还是那么活跃，可以扮演任何一种角色，只有爷爷除外……

在今后10年，世界各地将建起14座"阿玛尼酒店"，而且不是在儒维希[1]（Juvisy）或维尔纽斯[2]（Vilnius）！而是在迪拜、纽约和上海……

乔治完全不像72岁的人，他总是和流行接轨（而不是和其他同龄老人一样，和医疗机器"接轨"）！凯蒂·赫尔姆斯（Katie Holmes）的结婚礼服就是乔治设计的（为了她和汤姆·克鲁斯的婚礼，也为了那些几个月来待在一片荒凉海滩上的人们）！拉塞尔·克劳（Russell Crowe）和他妻子丹妮尔的婚服也一样！

而且他还不仅仅是在时装设计上紧跟时代潮流，这个乔治！他66岁的时候向世人宣布，他是双性恋！您觉得在那个年纪，人还能有性生活吗？说实话吧！……

他的名言："我为什么能成功？因为有一群始终追求顶级奢华的客户。"在他那个年纪，人都会比较谦逊……

贝纳通

吕西阿诺是个让人惊喜不断的家伙……

大多数时候，他签合同的时候只是很简单地印个手印子，但直到如今，似乎都还没人骗过他：他挣的钱几乎相当于法国每年的国民生产总值！他是以下这些股份公司的股东（很多时候都握着半数以上股权）（您准备好了吗）：德意志银行，安布罗维内托（Ambrosiano Veneto）银行，忠利（Generali）保险公司，还有一些饭店，一个电视台，一家农产品公司，供暖设备公司，超市，公路管理，机场。

还有，别忘了他在意大利有一个占地1000公顷的农场，在得克萨斯有一个3650公顷的大牧场，同样的牧场在布宜诺斯艾利斯占地1.5万公顷，在巴塔哥尼亚地区

---

1   儒维希（Juvisy-sur-Orge）：巴黎大区的小城市。——译注
2   维尔纽斯（Vilnius）：立陶宛首都。——译注

（Patagonie）则有9万公顷（在那儿我们经常能听到人们哼唱某一个名叫弗洛朗[3]（Florent）的人的歌："可您不会有我这样思考的自由"）……

如果说吕西阿诺是以他的人道主义俱乐部（一位黑人妇女给一个白人孩子喂奶，三个一模一样的心脏标着黑-白-黄，在石油泄漏造成的"黑潮"上挣扎的海鸟们，走向死亡的26名美国犯人……）闻名全球的话，他在巴塔哥尼亚出名则是因为他把马普什人（Mapuches）（据说是个贫穷的少数民族）从世代生活的土地上赶走了……

但更严重的事在这儿呢：联合国向导们就是在吕西阿诺的设计下，穿上了黑白相间的千鸟格套装，搭配宝石蓝的衬衫！这难道不是太恶毒了吗！

巴柏瑞

巴柏瑞真是太热情了！

2004年，这家英国公司在几天之内占据了老佛爷商场（Lafayette）的全部橱窗，而且特意从伦敦派来一位设计师，为我们制作订制雨衣！……价钱一如既往地贵：2200欧一件……

大家都还记得凯特·莫斯吧，她在为《每日镜报》拍封面时一副不可一世的样子。就在这事掀起轩然大波之际，巴柏瑞迫不及待地出面支持她了："她是具有职业精神的伟大模特。她是我们家庭的一员。"这难道不是很温暖人心吗？当然啦，如果在这之后，凯特还能收到一纸新合同，那就更完美啦……

"汤玛斯·巴柏瑞既给国王、也给他的军队做衣服。既奢华又民主化：我们不能只面对精英阶层。"现任设计师克里斯托弗·巴柏瑞这么说。可是当他在街上碰到一个"炫酷族"（chav）[4]——戴着巴柏瑞品牌的帽子、围巾或皮带的郊区乡下人——的时候，心里还是会很别扭……

3　弗洛朗·帕尼（Florent Pagny）：（1961-）法国著名流行乐歌手。"思想的自由"（Ma liberté de penser）是他的一首歌。——译注

4　"炫酷"（chav）：作为英国的一种消费文化，《泰晤士报》将"炫酷族"定义为那些戴头巾或者棒球帽，身穿有明显品牌标志的套头衫，脚穿软底运动鞋，身上戴满了戒指、耳圈等金饰，受教育程度较低、道德倾向偏执的一群年轻人。巴柏瑞品牌是这种人群的标志之一。——译注

皮尔·卡丹

皮埃尔谦虚地说："我想成为大人物，结果我的愿望都实现了。"对此我只能表示赞同。只有身为"大人物"，才能和卡斯特罗、普京和江泽民结交，才能做联合国教科文组织的大使……

只有身为"大人物"，才能被大法官范伦贝克（Van Ruymbeke）（就是社会党、共产党的秘密金库案，对台出售驱逐舰案，Cleartsream事件的大法官）传讯，调查为了出售自己的公司而对银行账户进行造假的行为……

最后，如果不是"大人物"，又有谁能每年在自己家举行"詹姆斯·邦德"节，还请来007电影的全部演员一起参加；如果不是"大人物"，又怎么能做过让娜·莫洛（Jeanne Moreau）的前情人呢！

他的名言："只有笨蛋才敢把挣钱和成功混为一谈。"

我于是立刻感到自己是个笨蛋！

让-夏尔·德卡斯特巴亚克

诚然，让-夏尔的童年就像小柯赛特（Cosette），但这是个"贵族版"的柯赛特！

因为，让-夏尔是侯爵！

我们以为他游手好闲，就像所有侯爵一样，其实才不是！除了那些您已经知道的他做过的事以外（这句话有点拗口，我知道！）他还曾经重新设计了法弗耶特商场（Galeries Farfouillettes）和可口可乐的瓶子外观，写过一本小说，还为西班牙T恤品牌卡斯托（Casto）画过图案。

我们以为他很富有，就像所有侯爵一样，其实才不是！他做了音乐频道Muzzik[5]的字幕！只有真的穷得揭不开锅才会接下这种事情（去看看，您就会明白了）！

5　这里生造了一个不存在的单词Muzzik，但它在法语中的读音和"音乐"（musique）是一样的。该频道目前已和另一个音乐频道Mezzo合并。——译注

我们以为他婚姻生活一塌糊涂，就像所有侯爵一样，其实才不是！他和玛埃娃·嘉郎黛（Mareva Galanter）（99年法国小姐）生活在圣路易岛上，他比妻子大了整整30岁，但狂热地爱着她：您想想，他差点带着她一起走进了法国电视一台（TF1）的"名人农场"（La Ferme célébrités）[6]！

可可·夏奈尔

虽然不是"那个圈子"里的人，她还是成功地结交了30年代唯一必须认识的女人：米西娅·赛荷（Misia Sert）。她是毕加索的密友，莫朗（Morand）[7]的知己，马拉美、吉罗杜（Giraudoux）[8]、吉特里的缪斯女神，鲁宾斯坦（Rubinstein）[9]非常喜爱她，而普鲁斯特通过文学使她不朽……认识了她一个，可可就可以结识这么多的名人了！……

……可这并没有给她刻上什么思想的烙痕：1936年的大罢工（就是这次罢工使工人们获得了工资的增长、40小时工作制和带薪假期）期间，毫无政治概念的可可一时冲动关了她的店，把工人们都扫到了马路上。

1939年，可可入住丽兹（Ritz）酒店，在整个德占时期，她都和一名德国情报处的军官住在一起……6年疯狂的爱（真的是失去理智的疯狂）……而且还不止这一件（当然这一件是最糟糕的！）。

和她有过恋爱关系的人还有：全英国最富有的人（威斯敏斯特公爵）（Duc de Westminster）、俄国最后一代沙皇的表兄弟（帕夫洛维奇大公爵）（grand Duc Pavlovitch）、20世纪最伟大的作曲家（斯特拉文斯基）（Stravinsky）、全世界债务最多的诗人（勒韦迪）（Reverdy）、俄国芭蕾舞团的创始人（加吉列夫）（Diaghilev）和唯一一个死在疯人院的舞蹈家（尼金斯基）（Nijinsky）[10]。

了不起的可可，可可！……

6　在这个节目中，入选的名人们将在条件艰苦的农场生活10周，当然始终在摄像机的陪伴下！——译注

7　保尔·莫朗（Paul　Morand）：（1888-1976）法国作家，旅行家。——译注

8　让·吉罗杜（Jean　Giraudoux）：（1882-1944）法国作家。——译注

9　亚瑟·鲁宾斯坦（Arthur　Rubinstein）（1887-1983）美籍波兰钢琴演奏家。——译注

10　尼金斯基（Vaclav Nijinsky）（1889-1950）俄国著名舞蹈家，被誉为有史以来最伟大的芭蕾男演员。但1918年就因患精神分裂症而退出舞台。——译注

克里斯蒂安·迪奥

克里斯蒂安并不像我们想的那样走运！他在父亲破产之前失去了母亲和兄弟，他是同性恋（1940年的同性恋，恭喜你！而最不走运的是，他52岁就离开了人世……虽然有些迹象让我觉得他多少是心里有数的……）。

因为克里斯蒂安有恋物癖：

他父母的花园里种满了铃兰花。克里斯蒂安到处都用上它：没有一套系列时装、一套配饰，或是其他别的什么，在没有印上一朵铃兰之前能够离开他的工作室。他的女裁缝们甚至可能在克里斯蒂安最喜欢的女顾客的裙子里面藏上一朵铃兰……

是不是因为铃兰他才得以发家的呢？证据在这儿：他是全世界第一个登上《时代周刊》的时装设计师……

克里斯蒂安还相信征兆：

在签下他的第一家工作室之前几分钟，他在地上发现了一颗铁制的星星（也许是从哪匹马上掉下来的）。这颗星星再也没离开过他。

是不是因为星星，他才成为全球最著名的设计师呢？证据在这儿：他是唯一拥有个人博物馆的设计师……

最后，克里斯蒂安还相信预言：

一位名叫德拉埃（Delahaye）夫人的灵媒对他说："您会通过女人获得成功。"几年以后克里斯蒂安幽默地评论道："误会如今已经消散了。"

1957年9月15日，同一个德拉埃夫人——他一直很听得进她的预言——恳求他不要出门旅行。他自顾自去了机场。11月23日，他死于心肌梗塞。

长日已尽，祝您快乐！

ps：如果您想知道德拉埃夫人的联系方式，还是算了吧，她已经死了。

多米尼克·杜斯和斯蒂法诺·加班纳

斯蒂法诺说:"多米尼克是狮子座的,却谨慎、精确、沉默;我是天蝎座的,却很外露。"下面是论证:

斯蒂法诺说过: "要想设计出好看的男装,就得知道怎么使用一根针和一块布。"

他还说过:"我们意大利人有太悠久丰富的文化,结果弄得我们自己都不明白自己了。"

还是他说过的: "我们之所以曲解宗教形象,是为了向圣母或耶稣致敬。"

至于多米尼克呢,他说过: "我们决定推出一条男装支线,是因为我们自己想找衣服穿,却一无所获。"

还有: "我们两个人无法分开生活。"

论证结束:斯蒂法诺的确外露,甚至非常外露,有时候还会说点傻话: "不要害怕改变主意"……

约翰·加里亚诺

加里亚诺可能是地球上最有个人风格、最神秘、最像明星的设计师……直到您了解到他其实本名叫胡安·卡洛斯,他父亲是水管工,他母亲几乎是个福利院嬷嬷(对三个孩子而言)……但愿这没有打破关于他的神话!

很难想象约翰睡在地上的情景吧。然而……

1991年,加里亚诺必须"暂停艺术生涯,休息一下"——他自己这么说。其实那时他过得一团糟!有一阵子,他就睡在朋友们(如果能这么称呼的话)家的地板上。

约翰可能会不喜欢我们揭露他常去的一个满足物欲的场所,请您不要说出去您是从哪里得到的:好吧,是巴黎二区,提克多纳路62号(62 rue Tiquetonne, Paris 2)[11]。左边大厅的尽头(有时娜奥米·坎贝尔也在……)

---

11 Kiliwatch大卖场所在地。——译注

让-保罗·戈蒂埃

让-保罗在菲律宾有那么多的客户，以致有一次去这个岛国旅行时，政府不愿意发签证让他回法国！……除非两国达成协议，好好管住他……

让-保罗小时候想做面包店师傅。多么让人激动啊，不是吗？符合他的一贯思想，一点都不陈旧普通……

他的名言：

"不要对自己的出身和与别人的不同感到羞耻。" "模特也思考，说话，有感觉，有见解。"

"对他人的发现始于你和他的相遇。"

好的，让-保罗！

纪梵希

尽管作为美国第一夫人，不穿美国本土品牌被认为是不得体的行为，杰奎琳·肯尼迪仍然我行我素，频繁地身着纪梵希；更糟的是，在她的约翰尼的葬礼上，她让全体家族成员都穿上了纪梵希！

而且她不是唯一这么做的！温莎公爵夫人也终生都穿纪梵希，还有西班牙公主——似乎是这样……以及穆罕默德六世（但只在夜里穿）。

盖斯

如果只讲盖斯兄弟的一件事情，那就是：他们成功了！

好吧，虽然这个成功靠的是下面这些广告：让凯伦·穆特穿上超大尺码胸罩，让埃娃·赫兹高娃穿上迷你丁字裤，让娜奥米·坎贝尔把手指放在嘴里，让莱蒂西娅·卡斯塔脱光了，全身披满羽毛！尽管如此，8亿美元的营业额，这足够让做父亲的感到骄傲了！

即使父亲是个犹太教拉比……也应该一样吧？当然咯，这位马西亚诺拉比（Rabbi Marciano）要是知道他的孩子们不吃任何符合犹太教规定的东西，他一定会同样"骄傲"的！

最后的小故事，品牌名叫"盖斯"，因为马西亚诺兄弟们最终没有抵制住麦当劳巨无霸汉堡的诱惑；那则广告说："猜猜看，麦当劳全新巨无霸里有什么？"

爱玛仕

奥普拉·温弗莉（Oprah Winfrey），您不认识她？爱玛仕的营业员们显然和您一样！她们居然把全球最富有的美国黑人女主持拒之门外，借口是商店要关门了。

同时，谁能想到奥普拉，《福布斯》公布的"全球最有影响力的人物"，会状告爱玛仕公司种族歧视！！！……

还有一点不能漏掉，爱玛仕还曾被起诉为小偷！尽管同名的赫尔墨斯在希腊神话里同时是偷盗之神，可这不能成为理由吧！即使一块丝绸方巾卖到250欧元这么贵（啧啧），也不能用这个罪名控告它呀！

这么一来，我们只能说爱玛仕是诈骗犯了！因为如果我们把著名的丝绸方巾拿到太阳底下去，颜色会慢慢褪掉……

卡尔文·克莱恩

卡尔文永远都是人们的话题所在……

继1980年将少女波姬·小丝变成（纳博科夫笔下的，而不是时装品牌的）洛莉塔后，15年后，他又动起了同样的脑筋，让卖俏的小女孩们做他广告宣传的女主角……克林顿这位道德总统——哦多么铁面无私啊——勒令全国取缔了这个广告招贴画。

最近我们发现，他推出的"永恒女人"（Eternity for women）香水对精子造成了损害，因为其中的一种分子名字叫做"酞酸二乙酯"。同时，如果真正理解"女人"这个词的意思，就不应该会有任何禁忌反应。

如果某天有人建议您饮用"卡尔文·克莱恩鸡尾酒"，那就说明您脸色很差，而主人觉得把可卡因和氯胺酮混在一起可以改善一下您的状况！

他的名言："如果我要做什么事，就没有什么能够阻止我！"

那是当然！

克里斯蒂安·拉克洛瓦

我们可以想象麦当娜穿着拉克洛瓦；当然也可以想象克里斯蒂娜·阿奎莱拉（Christina Aguilera）穿着拉克洛瓦，尤其是在她唱了"Lady Marmelade"之后；可要是米蕾伊·马修（Mireille Mathieu）呢？！……这就能一下子带给我们一种截然不同的形象！

各种情况表明，克里斯蒂安·拉克洛瓦，法国最伟大的设计师之一（再重申一下），很有可能是色盲！！！我是从他本人说的话里得出这个结论的："我看事物只有黑白两色。"您瞧……

他的名言："花园里有一口橡皮做的井，用水泥做的白雪公主或是马赛克拼图的斗牛士，看到这些我会想哭。"真感性啊，这个克里斯蒂安……但又很苛刻："我只能接受被闪电般刺中的牛流出的血。"

纪·拉罗什 / 姬龙雪

纪看似漫不经心，却在他的时代造成了反响……

是他设计了著名的露背（保守说法）长裙，米蕾伊·达克（Mireille Darc）穿着它在"穿黑鞋的高个子金发男人"（*le grand blond*）[12]里出现。反响很热烈：所有女人

---

12 "穿黑鞋的高个子金发男人"（Le grand blond avec une chaussure noire）：1972年出品的喜剧悬疑片。——译注

都喊着要丈夫们把电视机关掉。

还是他，创造了发色与服装颜色相配的技术。同样获得了很好的反响：所有孩子都哭着说害怕红头发的妇人。

最后，是他为巴黎地铁公司（RATP）和维京公司（Virgin）的职工设计了工作服。反响不用我说了吧：所有员工都叫着说这太难看了。

埃维·莱杰

5月30日这天，圣女贞德被烧死，拿破仑被流放，波兰公爵"被驱逐的"拉迪斯拉斯（Ladislas）死亡。同样是在5月30日这天，扎卡利亚·穆萨维（Zacarias Moussaoui）（参考"9月11日"[13]）出生，埃维·盖马尔（Hervé Gaymard）（参考"辞职"[14]）出生……小莱杰出生。

也就是说，5月30日是倒霉的一天！这或许就能解释为什么埃维会遇到这么多挫折：

他在姬龙雪旗下的第一次时装发布会，被称做"全部的设计都不过是围绕着一些细带长裙作变化"。这是当时《时尚报》记者的评论。很明显，埃维被认为不够卖力……

一年后的奥斯卡颁奖晚会上。希拉里·斯旺克（Hilary Swank）凭借"百万美元宝贝"（Million Dollar Baby）摘取了最佳女主角桂冠。她身穿姬龙雪旗下、埃维设计的（令人震惊的）裸背长裙……这让人想起该品牌的创始人就是为"金发男人"中的米蕾伊·达克设计服装的纪·拉罗什。很明显，这回埃维被认为不够创新……

最后，他为伊曼（Iman）设计了结婚礼服。后来她却发现自己的摇滚丈夫大卫·鲍伊曾经和米克·贾格（Mick Jagger）[15]睡过觉。很明显，埃维被认为不太能带来好运……

这一切可不轻松（Léger）！就算是也……

13　扎卡利亚·穆萨维（Zacarias Moussaoui）：美国"9·11"事件的嫌疑犯。——译注

14　埃维·盖马尔（Hervé Gaymard）：法国前财政部长，2005年因豪宅丑闻辞职。——译注

15　米克·贾格（Mick Jagger）：（1943–）摇滚歌星，滚石乐队主唱。——译注

洛莉塔·兰碧卡

洛莉塔·兰碧卡是个假名。实际上，是两个假名……

名字"洛莉塔"来自纳博科夫笔下的情色少女，名字"兰碧卡"来自画家塔玛拉·德兰碧卡（Tamara de Lempicka）[16]，和前者几乎一样情色（无论在画上还是在现实里）。应该说，洛莉塔·兰碧卡，比若斯娅娜·皮韦达尔（Josiane Pividal）更像是设计师本人！

更妙的是，这个假名非常适合她！苹果状（《圣经》中的禁果）的香水瓶，模仿性高潮的广告。纳博科夫和塔玛拉肯定会为我们的若斯娅娜骄傲的！

她的名言："在学校里，我的伙伴们画的都是鲜花簇拥下的房子。而我则画有丰满乳房的女人。"这么看来，她不是很配得上自己的假名吗？

李维·斯特劳斯

李维·斯特劳斯总是很走运（一位不愿透露姓名的女士说）。不仅因为他离开巴伐利亚的时候，并没有想到几年以后如果他还留在那里，就会被关进集中营（因为他是犹太人）；而且因为他就是靠给1945年解放欧洲大陆的美国兵做衣服才发的财！……走运，"S小姐"说得有道理！

特别是，没有那场战争的话，他就会是个穷光蛋！最初他的牛仔裤只卖1.46美元……直到美国军方命令他给"小伙子们"做上百万条裤子，给战时劳工做十几亿条工装裤……

再瞧瞧，在给他的第一条牛仔裤式样取名的时候，李维甚至都没动什么脑筋！著名的501牛仔裤来历很简单，它就是用来做裤子的布匹上面标着的序号！……这不是走运是什么！

---

16 塔玛拉·德兰碧卡（Tamara de Lempicka）：（1898–1980）美籍波兰裔女画家，艺术装饰（Art Deco）风格流派的代表人物之一。——译注

斯黛拉·麦卡特尼

斯黛拉没有获得第一份工作的原因就是她姓麦卡特尼。克洛薇（Chloé）的老板发誓说他以为她姓麦卡锡（McCarthy）！他可能是害怕一旦录取她就会造成又一轮政治大迫害[17]吧……

如果您想请斯黛拉吃饭，别忘了她是素食主义者；如果您想在餐桌上找个话题，就和她谈卡巴拉（Kabbale）[18]，她对此可疯狂了！……就像对麦当娜一样，她也给卡巴拉本人设计了结婚礼服。

斯黛拉是世界上薪金最高的设计师之一，她也配得上这些钱！2000年，她在时装发布会上让女孩们穿上了短裤，上面写着WET（湿的）和SLIPPERY WHEN WET（湿的时候很滑），表现出了极为丰富的想象力；就像一年以后她剽窃了一位英国设计师的广告语……甚至都没有遮掩一下！

她的名言："我觉得让自己显得时髦或者看起来很酷，其实已经不再时髦或酷了。"她说得很在理不是吗！

克劳德·蒙塔那

如果您姓蒙塔那，那么但愿您别太迷信才好……

- 蒙塔那是保加利亚的一个城市，曾经有无数犹太人在那儿被劫掠。

- 蒙塔那也是美国北部的一个州名，1876年，那里发生了印第安人对牛仔的大屠杀。

- 最后，蒙塔那是电影"疤面煞星"（*Scarface*）中的主人公托尼的姓（Tony Montana），这个人的下场一样很"好"！同样的结局或许也会发生在克劳德身上吧；正像他朋友伊夫·圣洛朗说的："他已经被毒品烧坏了脑袋，如今什么事

---

17 麦卡锡主义：二战结束后，美国在冷战背景下产生的清除"内部敌人"运动。如今已成为"政治迫害"的同义词。

——译注

18 卡巴拉（Kabbale）：犹太教神秘哲学。——译注

都做不成了。"有了这样的朋友,我们还要敌人干什么!

- 1979年,克劳德在一家废弃的香蕉仓库里开创了他的品牌。您相信预感吗?

- 80年代,克劳德让模特们身穿纳粹服装走上T台,没有任何语言能形容全世界的惊愕和震怒!我看不出来这和他父亲———一个德意志第三帝国统治下的年轻人——有什么必然联系……

蒂埃里·穆杰尔

14岁的蒂埃里是莱茵歌剧院的职业舞蹈演员。可惜后来他未能成为舞蹈明星;于是蒂埃里就把星星作为了自己的标志:他的香水"安琪儿"(Angel)(瓶子的形状是个星星)是法国最畅销的爱情灵药!

到了B Men男士香水推出的时候,蒂埃里把城市里来往的汽车配上喷洒器,给西班牙所有的街道都喷上了这一新款香水!他真是疯了……

……这话一点都不夸张:有一天,他把一个模特捆在梯子上,然后把梯子从纽约一幢高楼的65层伸出了窗外。

他的名言:"最高程度的优雅风度,就是真实。我的时装是真正的美的庆典,没有矫饰也没有谎言。"

洛阿娜(Loana)[19],自然的女王,设计师的代言人,对此表示确认!

妮娜·丽姿

妮娜·丽姿的风格是比较古典,但不等于平庸……

直到1987年为止,每次只要您乘坐法航班机,就能发现空姐们衣着很得体(至少"很适合她们"),原因就是:工作服上贴的是妮娜的商品标签(似乎连体型也是

---

19 洛阿娜(Loana):法国 M6频道推出的全程实录节目"阁楼故事"(Loft Story)最后的胜出者,被称为"巴黎灰姑娘",风头一时无两。——译注

妮娜一并规划好了的，不过我们没有证据）。

在"清泉边"（À la claire fontaine）这首歌里，说唱歌手索拉尔（MC Solaar）向"妮娜·丽姿的'纯真年代'"致敬。这款香水装在纯手工制作的莱俪（Lalique）[20]水晶瓶里，有三十多种形状，但妮娜一滴都没滴过，因为她压根不用香水！

妮娜·丽姿公司"开人"的方法很简单：每个员工根据他的表现都会得到一个分数。分数越高，就越不容易被开。

举例而言：一个没有孩子的单身者有4分，而一个有3个小孩的已婚男人可以拿到22分。如果他是鳏夫，就有23分，如果他还残疾，那就能拿24分。换句话说，他走运了！……当然是指在工作这一方面……

马塞尔·罗莎

说到底，也许有比马塞尔更好的克隆候选人。他从梅·韦斯特的胯部线条得到灵感，设计了"女人"香水的瓶子，这款香水是他送给艾莲娜的结婚礼物！看，马塞尔做事很有分寸呢！

这或许就能解释，为什么他一死，罗莎公司，或更确切地说，公司的新总裁艾莲娜，就把设计师的名字从墙上抹去了！君子报仇，十年不晚……

"女人"香水刚一推出，就在二战后的香水市场上创下了历史新高。同时要说明的是，当时其实只有这一种香水：这个事实对它的销售量还是有所帮助的……

索尼娅·瑞克尔 / 桑丽卡

（76岁！！！）的索尼娅活得可有滋味了！她大吃（酷爱嘎嘣嘎嘣嚼巧克力）。

又大喝（葡萄酒和威士忌）。

20　莱俪（Lalique）：世界上最古老也最著名的水晶品牌之一。——译注

她还寻欢作乐……那是当然，否则她那些性玩具用品商店开给谁看呢！

除了这些以外，很难想象若斯潘[21]居然是她最好的朋友之一，不是吗？

在所有了解索尼娅的基本信息（甚至是关键信息）中，您必须知道她的最大缺点是说谎，她的女主角是充气娃娃，她"每天穿同一条裙子"，还有，如果她愿意的话，也可以很聪明……

除此之外，索尼娅憎恶鸟类。因为她认识不少奇怪的"鸟"！……若斯潘除外……

她的名言："上好的巧克力需要慢慢品尝，一边喝着中国的香薰茶，一边听着莫扎特。"其实索尼娅是左派！……鱼子酱……

弗朗西斯科·斯马托 / 希巴杜

根据弗朗西斯科的说法，全国（或全世界？他没有明确）衣着最差的男人，是"那个法国政治家，个头小小的，却要穿比他大得多的西装"。萨科[22]会很欣赏这句话的……

在这里，要代表所有在2006年6月享受了世界杯（其实是为了看她们臆想中的情人）的女人们，向斯马托致以最深的感谢！多亏了他，我们才能看到法国队的球员们穿着紧包屁股的迷你短裤叱咤球场！

希巴杜公司的最新香水已经上架几个月了，它名叫"一枪"（Fullchoke），是以枪炮灰为原料制成的！！！

这么一来我们就想问：什么时候推出从手榴弹里提炼出的除臭剂呢？

他的名言："帮一个身材很好的男人设计造型，这太容易了，但让一个长得不好的男人变得风度翩翩，这就是最有意思的工作！"萨科会很欣赏这句话的……

---

21 利昂耐尔·若斯潘（Lionel Jospin）：（1937– ）法国政治家，希拉克任内曾担任政府总理。——译注
22 萨科，即法国现任总统萨科齐（Sarkozy）的昵称。——译注

瓦伦蒂诺·加拉瓦尼

瓦伦蒂诺总是不住嘴地说茱莉亚·罗伯茨穿得"像个破垃圾桶",可能他忘了她也是自己的客户之一呢! [参考2000年奥斯卡颁奖典礼,"永不妥协"(又名"艾琳·布劳克维奇")(Erin Brockovich)] 人到了74岁这个年纪,记忆力难免会衰退……

瓦伦蒂诺有很多朋友,并不是因为他组织了不少让人瞠目结舌的活动(米哈伊·巴雷什尼科夫(Mikhail Baryshnikov)[23]为新款香水而起舞,用纽约地铁作为时装发布会场地,为从业30周年而在罗马狂欢3天),当然这些总是起了点作用的……尤其人到了74岁这个年纪……

他的名言:"时装的未来和生活紧紧相连。"(把两者分开的)栅栏都不能比他说得更好!

范思哲

由于资金短缺,唐娜泰拉·范思哲(Donatella Versace)不得不关掉了公司的高级时装部。但由于上帝恩典,她还能付得起上小威廉姆斯(Serena Williams)教的网球课的钱——每小时25000美元……

考特妮·洛芙(Courtney Love)[24]以节制和朴素而闻名,有一次很不凑巧,开车闯进了唐娜泰拉·范思哲家里,然后笨手笨脚地撞碎了一面玻璃门,从另一面冲了出去!

对于"您信教吗"这个问题,唐娜泰拉·范思哲回答道:"从来不信",这应该会让米迦勒·伯格(Rabbin Michaël Berg)——卡巴拉中心(Kabbalah Center)[25]的推动者——感到高兴吧,她可是老呆在那儿的(这不过是怎么说的问题!)。

她的名言:"蓝色不能和随便什么颜色都配得起来。"啊是吗,我们之前不知道。

---

23 米哈伊·巴雷什尼科夫(Mikhail Baryshnikov):(1948–)著名芭蕾舞家,从苏联逃至美国。——译注

24 考特妮·洛芙(Courtney Love):(1965–)"涅槃"(Nirvana)乐队前主唱柯特·科本(Kurt Cobain)的遗孀、著名摇滚女星。——译注

25 该中心位于洛杉矶,宣扬卡巴拉教义。——译注

"你到太阳底下去，喝纯柠檬汁，涂上橄榄油。你绝对不会晒伤的。我向你发誓！"

红头发的我，在她的病床前头向她表示感谢！

维维安·韦斯特伍德

在跟法国人谈到欧盟宪法公投（référendum européen）时，维维安说："花工夫读八百页纸，只是为了最后投一个'同意'，你们难道不无聊？"这不让人反感吗？

不反感，如果她自己签合同之前也从来不读的话！

伦敦地铁恐怖事件之后，英国政府决定从法律上加强反恐力度，而维维安却设计了一件T恤，上面写有："我不是恐怖分子。请不要逮捕我。"这不让人反感吗？

不反感，如果她不反对恐怖主义的话！

维维安今年65岁，给人的感觉却是，到了这把年纪了，她还只想着那码事！她出了一款香水叫"放荡"（Libertine），开了一家店叫"性"（Sex），另一家店卖色情T恤，一家珠宝店卖阴茎状的项链坠子，她自己有一个比她小了1/4个世纪的丈夫。这不让人反感吗？

不反感，如果她说她还爱"马里林·曼森（Marilyn Manson）[26]和约瑟夫·科尔（Joseph Corre）[27]"；而她儿子还借用一句谚语："苹果落下来，不会离树远"……

她儿子创造了"撩人元凶"（Agent Provocateur），一个无所不包的奢侈品牌：从鞭子到手铐，从名为"三人之家"（ménage à trois）的香水到名为《忏悔录》（Confessions）、《暴露癖》（Exhibitionnist）的书，别忘了还有印着"干我，咬我"（或其他陶醉于性爱的言辞）的T恤……以及"偷窥秀"（Peep Show）影集。

维维安的名言是："我的性感配饰？香烟啊。"当然了，我们只能认为她是……放荡恣肆！

26　马里林·曼森（Marilyn Manson）：美国哥特式摇滚乐队，作品里充斥着暴力、毒品、性、反宗教等元素。——译注

27　约瑟夫·科尔（Joseph Corre）：维维安·伊斯特伍德的儿子。——译注

品牌官网

阿涅斯·B
中日英法文官方网站
www.agnesb.fr

阿玛尼
英意文官方网站
www.giorgioarmani.com

阿莎露
英法西德文官方网站
www.azzaroparis.com

贝纳通
英文官方网站
www.benetton.com

胡戈·波士
英德文官方网站
www.hugoboss.com

巴柏瑞
英文官方网站
www.burberry.com

卡夏尔
英法文官方网站
www.cacharel.fr

卡丹
英法文官方网站
www.pierrecardin.com

可可·夏奈尔
法文官方网站
www.chanel.fr

让-夏尔·德卡斯特巴亚克
英法文官方网站
www.jc-de-castelbajac.com

安德烈·古耶芝
法文官方网站
www.courreges.com

克里斯蒂安·迪奥
英文官方网站
www.dior.com

杜斯&加班纳
英法德日意文官方网站
www.dolcegabbana.it

约翰·加里亚诺
英法文官方网站
www.johngalliano.com

让-保罗·戈蒂埃
法文网站
www.jeanpaul-gaultier.com

玛丽特和弗朗索瓦·吉尔伯
英法文官方网站
www.girbaud.com

纪梵希
英法文官方网站
www.givenchy.fr

古琦
英文官方网站
www.gucci.com

盖斯
英文官方网站
www.guess.com

爱玛仕
法文官方网站
www.hermes.com

丹尼尔·海切尔
英法西德文官方网站
www.daniel-hechter.com

高田贤三
英法文官方网站
www.kenzo.com

卡尔文·克莱恩
英文官方网站
www.calvinklein.com

让-克劳德·吉图瓦
法文官方网站
www.jitrois.fr

雷奈·拉科斯特
提供全部语言的官方网站
www.lacoste.com

克里斯蒂安·拉克洛瓦
法文网站
www.christian-lacroix.fr

让娜·朗万
英法文官方网站
www.lanvin.com

拉尔夫·劳伦
英文官方网站
www.polo.com

洛莉塔·兰碧卡
法文官方网站
www.lolitalempicka.fr

李维·斯特劳斯
英文官方网站
www.levistrausse.com

斯黛拉·麦卡特尼
英文官方网站
www.stellamaccartney.com

蒂埃里·穆杰尔
英法西德文官方网站
www.thierrymugler.com

娜芙-娜芙
英法文官方网站
www.nafnaf.fr

船牌
英法日文官方网站
www.petit-bateau.com

普拉达
英文官方网站
www.prada.com

帕科·拉巴纳
英法文官方网站
www.pacorabanne.com

妮娜·丽姿
英法文官方网站
www.ninaricci.com

罗莎
法文官方网站
www.rochas.com

索妮娅·瑞克尔
英法文官方网站
www.soniarykiel.com

伊夫·圣洛朗
英法西意文官方网站
www.ysl.com

弗朗西斯科·斯马托
英文官方网站
www.smalto.com

保罗·史密斯
英文官方网站
www.paulsmith.co.uk

瓦伦蒂诺·加拉瓦尼
英文官方网站
www.valentino.it

范思哲
英意文官方网站
www.versace.com

维维安·伊斯特伍德
英文官方网站
www.viviennewestwood.com

想了解更多信息，
请进入www.modeaparis.com法国时装、成衣、设计师联合会网站。

该网站提供
各大品牌简史、系列时装介绍、最新消息、与其他时装网站的链接……

鸣谢

感谢我的心理医生，使我敢于步茨威格的后尘开始写作。

感谢我的姨妈做我的第一个读者，有时甚至是在深夜！

感谢我的父亲，他一直都不知道我写了一本书。

这让我不至于马上就把自己当成茨威格再世。